Ihre Arbeitshilfen zum Download:

Die folgenden Arbeitshilfen stehen für Sie zum Download bereit:

- Auswirkungen simulieren: Anwendungsbeispiele, mit denen Sie statistische Parameter verändern können.
- Formelsammlung, Verteilungstabellen und Glossar.
- Aufgaben und Lösungen.

Den Link sowie Ihren Zugangscode finden Sie am Buchende.

Crashkurs Statistik

Professor Dr. Stefan Hagl

Crashkurs Statistik

Daten erheben, analysieren und präsentieren

1. Auflage

Haufe Gruppe
Freiburg · München · Stuttgart

Bibliografische Information der Deutschen Nationalbibliothek
Die Deutsche Nationalbibliothek verzeichnet diese Publikation in der Deutschen Nationalbibliografie; detaillierte bibliografische Daten sind im Internet über http://dnb.dnb.de abrufbar.

ISBN 978-3-648-09673-4 Bestell-Nr.: 11205-0001

Professor Dr. Stefan Hagl
Crashkurs Statistik
1. Auflage

www.haufe.de
info@haufe.de
Produktmanagement: Dipl.-Kfm. Kathrin Menzel-Salpietro

Lektorat: Hans-Jörg Knabel, rausatz, Willstätt
Druck-Vorstufe: Karin Lochmann, Buckenhof
Umschlag: RED GmbH, Krailling
Druck: Schätzl Druck & Medien GmbH & Co. KG, Donauwörth

Inhaltsverzeichnis

Wegweiser

Vorwort

Statistik begegnet einem nahezu täglich. In vielen Bereichen der heutigen Informationsvermittlung spielt sie eine gewichtige Rolle. Ob man sich im Alltag mit Wahlprognosen oder einfachen Sportstatistiken konfrontiert sieht, ob die neuesten Arbeitslosenzahlen präsentiert werden oder die demografische Entwicklung thematisiert wird, überall stecken »Statistiken« dahinter.

Darüber hinaus werden viele auch in ihrer beruflichen Tätigkeit (wieder) mit Statistik als wissenschaftliche Disziplin konfrontiert. In vielen Bereichen der beruflichen Praxis muss man sich mit statistischen Methoden – sei es die Datenaufbereitung, das Erstellen von Prognosen, Stichprobenziehungen oder statistische Tests – beschäftigen.

Trotz dieser offenkundigen Bedeutung der Statistik beschleicht die meisten Menschen ein ungutes Gefühl, wenn es darum geht, »Statistiken« zu vertrauen oder sich mit den Ergebnissen statistischer Analysen auseinanderzusetzen. »Traue keiner Statistik, die du nicht selbst gefälscht hast.« Winston Churchills berühmtes Zitat ist ein Ausdruck dieses Misstrauens.

Dieses Buch soll dazu beitragen, dem »Gespenst Statistik« einen Teil seines Schreckens zu nehmen. Es hat einerseits zum Ziel, Studierenden verschiedenster Fachrichtungen einen verständlichen Einstieg in die grundlegenden Methoden und Anwendungen der modernen Datenanalyse zu eröffnen. Andererseits soll gerade auch Praktikern durch diesen Crashkurs ein schneller und unkomplizierter (Wieder-)Einstieg ermöglicht werden.

Stefan Hagl

1 So finden Sie den richtigen Zugang zur Statistik

Hier erfahren Sie ... !

- ... welche Kenntnisse Sie mitbringen sollten.
- ... wie dieses Buch aufgebaut ist.
- ... wie Sie dieses Buch optimal nutzen können.

Die Statistik ist kein Buch mit sieben Siegeln. Sie selbst ist absolut logisch, was darauf zurückgeführt werden kann, dass ihre Sprache die Mathematik ist. Aber genau hier liegt oft auch das Problem. Mathematik wirkt im Allgemeinen eher abschreckend; deshalb lassen die meisten Menschen lieber die Finger davon.

Genau hier soll dieses Buch in die Bresche springen. Es ist gerade nicht als formelgespicktes Lehr- oder Fachbuch konzipiert. Nur die grundlegenden, für das Verständnis notwendigen formalen Darstellungen werden behandelt. Hierbei wird lediglich ein gewisses Maß an mathematischer Grundbildung – und keinesfalls ein mehrsemestriges Mathematikstudium – vorausgesetzt. In den meisten Fällen reicht der gesunde Menschenverstand aus, die Methoden und Verfahren zu verstehen.

Ziel und Zweck dieses Buches ist es, die Möglichkeiten und Grenzen der Anwendung statistischer Methoden für praxisrelevante Fragestellungen anhand von Beispielen aufzuzeigen und für die eigene Anwendung im Beruf (oder im Studium) nutzbar zu machen.

Sie können dieses Buch auf unterschiedliche Weise nutzen. Der Aufbau des Buches folgt gewissermaßen dem allgemeinen Aufbau statistischer Untersuchungen. Die wichtigsten Aspekte dazu werden nacheinander in eigenen Kapiteln beleuchtet.

- Wie kommen Sie an die Daten für eine statistische Untersuchung?
- Wie können Sie vorhandenes Datenmaterial sinnvoll aufbereiten?
- Welche Möglichkeiten zur Beschreibung und Visualisierung der Daten gibt es?
- Wie wenden Sie die »richtigen« statistischen Analysen an und welche Schlüsse können Sie aus den Ergebnissen ziehen?

Haben Sie noch keinerlei Erfahrung mit Statistik, empfehle ich Ihnen, kapitelweise vorzugehen. So erhalten Sie einen sehr guten Überblick über den Sinn und den Zweck, die Einsatzbereiche und die Methodik der Statistik. Als »Statistikerfahrene(r)« haben Sie die Möglichkeit, sich die jeweils für Sie relevanten Bereiche herauszupicken. Zu Beginn eines jeden Kapitels werden die wesentlichen Fragestellungen zu dem, was Sie in dem Kapitel erwartet, genannt. Zudem erfolgt am Ende eines jeden Kapitels eine kompakte Zusammenfassung der besprochenen Themen.

Die im Buch verwendeten Beispiele beruhen auf Datensätzen, die sich größtenteils auf den Arbeitshilfen online befinden. So können Sie anhand der Daten selbstständig »üben« und versuchen, die im Buch aufgeführten Lösungen nachzurechnen.

Um die Beispiele so praxisnah wie möglich zu gestalten, stammen fast alle Beispieldaten aus dem Geschäftsbereich eines imaginären Unternehmens. Sie werden also z. B. mit Umsatzzahlen, Kunden- oder Personaldaten konfrontiert. Anhand dieser Daten wird die Anwendung der statistischen Methoden praktiziert. So sollte es Ihnen leicht fallen, die statistischen Verfahren auf die Daten Ihres eigenen beruflichen Wirkungskreises zu übertragen.

Es wurden nur wenige Formeln in den Text gepackt, um den Lesefluss nicht unnötig zu stören. Am Ende des Buches findet der interessierte Leser aber eine »kleine statistische Formelsammlung«, die die wesentlichen Formeln und Berechnungsmethoden der im Buch genannten Verfahren enthält.

Zudem habe ich im Hinblick auf die praktische Durchführbarkeit – ebenfalls am Ende des Buches – die wichtigsten statistischen Analysemöglichkeiten, die das Programm Microsoft Excel bietet, in einer Zusammenfassung »Statistik mit Excel« angefügt.

Da wohl die wenigsten Gelegenheitsanwender statistischer Verfahren über eine spezielle Statistiksoftware verfügen, erscheint es mir sinnvoll, das Repertoire, das das wohl am weitesten verbreitetste Tabellenkalkulationsprogramm an statistischen Analysemöglichkeiten bietet, wenigstens in seinen Grundfunktionen zu besprechen. Neben eindrucksvollen grafischen Darstellungen (auch sämtliche Grafiken in diesem Buch wurden mit Excel erstellt) ermöglicht Excel sogar komplette Analyseverfahren (z. B. Regressionsanalysen oder statistische Tests).

Wer zudem sein erlerntes Statistikwissen sogleich überprüfen möchte, hat ebenfalls Gelegenheit dazu. Auf den Arbeitshilfen online liegt eine Sammlung von praxisorientierten Übungsaufgaben samt Musterlösungen bereit, die alle im Buch behandelten Themengebiete umfasst.

2 Hier erfahren Sie alles über die Grundlagen der Statistik

Hier erfahren Sie ... !

- ... was Statistik eigentlich ist und welche Teilgebiete unterschieden werden.
- ... welche Arten von statistischen Datenerhebungen es gibt und wie die Erhebung von Daten abläuft.
- ... was statistische Merkmale sind und welche Typen unterschieden werden.

Es wurde eingangs bereits darauf hingewiesen, was man unter dem Begriff »Statistik« zu verstehen hat — nämlich die wissenschaftliche Disziplin, die Methoden zur Erfassung und Analyse von Daten bereitstellt.

Achtung: !

Überall dort, wo Daten anfallen, gesammelt, ausgewertet und analysiert werden sollen, kommt Statistik zum Einsatz.

Im Allgemeinen wird Statistik in zwei Gebiete eingeteilt: die **beschreibende** und die **schließende** Statistik. Oft hört man auch die Begriffe **deskriptive** und **induktive** Statistik. Beide Begriffspaare meinen im Grunde dasselbe.

Deskriptive (beschreibende) Statistik

Die beschreibende Statistik versucht, eine Vielzahl von erhobenen oder bereits vorliegenden Einzeldaten durch geeignete Methoden zu beschreiben, und zwar mit dem Zweck der Informationsbündelung. Das kann z. B. durch die Berechnung von Kennzahlen oder durch grafische Darstellungen geschehen.

Nehmen wir z. B. an, es liegen die Daten aus einer Kundenbefragung vor, wobei wir uns an dieser Stelle noch keine Gedanken darüber zu machen brauchen, wie wir an die Daten gelangt sind bzw. ob alle oder nur ein Teil der Kunden befragt wurden. Nehmen wir weiter an, es wurden — neben anderen Merkmalen — auch soziodemografische Daten wie das Geburtsdatum oder das Alter, der Familienstand oder die Anzahl der im Haushalt lebenden Kinder abgefragt, die nun ungeordnet und in großer Menge vorliegen. An diesem Punkt stellt sich die Frage, wie es gelingt, mit relativ geringem Aufwand einen ersten Überblick über die Daten (und damit auch über die Kunden) zu gewinnen.

Wie ist die Altersverteilung meiner Kunden? Haben sie im Durchschnitt viele oder eher wenige Kinder? Sind die meisten eher verheiratet oder leben sie alleine?

Zur Beantwortung dieser Fragen lassen sich Kennzahlen wie die mittlere Kinderzahl im Haushalt, das Durchschnittsalter der Kunden oder auch eine grafische Darstellung der Häufigkeiten der verschiedenen Familienstände heranziehen. Die Vielzahl an Einzeldaten wird dadurch »verdichtet«, um an die globalen Informationen zu gelangen. Im Rahmen der Datenverdichtung verzichtet man also auf Einzelinformationen. Weil einem nun nicht mehr alle Einzeldaten vorliegen, macht das aber die Daten übersichtlicher.

Wenn wir alle Kunden unseres Bestandes befragen, haben wir es mit einer sog. **Vollerhebung** zu tun. Der Kundenbestand stellt unsere **Grundgesamtheit** dar und wir beschreiben die Daten dieser Grundgesamtheit mit speziellen Methoden der beschreibenden Statistik. Mehr können wir hier statistisch nicht untersuchen.

Falls wir aber – aus welchen Gründen auch immer (und wir werden sehen, es gibt sehr viele solcher Gründe) – nur einen Teil unserer Kunden in die Befragung mit einbezogen haben, liegt uns im Rahmen dieser **Teilerhebung** nur Datenmaterial einer sog. **Stichprobe** vor. Selbstverständlich können und werden wir auch diesen Teilbereich deskriptiv auswerten, also wieder Kennzahlen oder Häufigkeiten berechnen und diese grafisch aufbereiten.

Induktive (schließende) Statistik

Nun kann man sich bei einer Stichprobe damit begnügen, die wenigen ausgewählten Kunden »zu kennen«, das dürfte aber in den wenigsten Fällen ausreichen. Vielmehr ist man daran interessiert, wie sich der gesamte Kundenbestand zusammensetzt. Man möchte Aussagen über das Durchschnittsalter *aller* Kunden oder den häufigsten Familienstand *aller* Kunden treffen.

Hier setzen die Methoden der schließenden Statistik an. Mit ihnen gelingt es, von den vorliegenden Ergebnissen einer Stichprobe, die aus einer Grundgesamtheit gezogen wurde, Rückschlüsse auf eben diese Grundgesamtheit zu ziehen.

Wir können also mithilfe der schließenden Statistik z. B. eine Aussage darüber treffen, welches Durchschnittsalter im Gesamtkundenbestand vorliegt.

An dieser Stelle gilt es nun aber genau hinzusehen. Wenn wir quasi von einer Stichprobe auf eine dahinter stehende Grundgesamtheit »hochrechnen«, können wir keine exakten, fehlerfreien Aussagen treffen. Wir können lediglich schätzen.

Wenn z. B. das mittlere Alter unter den 500 befragten Kunden bei 48 Jahren liegt, dann wird es bei den 5.000 Kunden im Gesamtbestand wohl ähnlich sein, sofern die befragten Kunden repräsentativ für alle Kunden sind. Bei dieser Vermutung ist natürlich eine gewisse Unsicherheit mit im Spiel, und man kann das mit der Schätzung verbundene Risiko von Fehlentscheidungen nicht gänzlich ausschalten, wohl aber kalkulierbar machen.

Ein Beispiel aus der Wahlforschung soll die Zusammenhänge nochmals verdeutlichen: Wir alle kennen die Wahlprognosen der Forschungsinstitute, die in Wahlzeiten im Überfluss über uns hereinbrechen. Beinahe täglich werden wir mit den neuesten Prognosen hinsichtlich des Abschneidens der beteiligten Parteien konfrontiert. Verständlicherweise handelt es sich hier ausschließlich um Teilerhebungen — im Umfang meist zwischen 1.000 und 2.000 wahlberechtigten Personen. Die unter den Befragten ermittelten Anteile der Parteien werden mit geeigneten Verfahren der schließenden Statistik auf die gesamte Wahlbevölkerung übertragen. Jedem sollte dabei sofort klar sein, dass es mit einer entsprechenden Unsicherheit verbunden ist, wenn man versucht, die Umfrageergebnisse, die man von nur 1.000 Befragten aus der Stichprobe vorliegen hat, auf eine Grundgesamt von rund 62 Mio. Wahlberechtigten in Deutschland hochzurechnen. Dennoch kommen diese Hochrechnungen dem tatsächlichen Wahlergebnis mit einer bestimmten Wahrscheinlichkeit sehr nahe.

Die schließende Statistik beschäftigt sich ausschließlich mit Verfahren, diesen Rückschluss von einer Teil- auf eine Grundgesamtheit vorzunehmen. Was dabei eine große Rolle spielt, ist — wie wir am Beispiel der Wahlprognose bereits angedeutet haben — der Begriff der **Wahrscheinlichkeit**.

Bei jedem Schluss von der Stichprobe auf die Grundgesamtheit können Aussagen nur mit einer bestimmten Wahrscheinlichkeit getroffen werden. Die **Wahrscheinlichkeitstheorie** beschäftigt sich mit der Bestimmung von Wahrscheinlichkeiten von so genannten zufälligen Ereignissen. Sie lässt uns die Unsicherheit beim Rückschließen quantifizieren und bildet damit das Bindeglied zwischen der beschreibenden und der schließenden Statistik.

2.1 Die Grundbegriffe der Datenerhebung

Zunächst sollten wir uns mit einigen grundlegenden Begriffen bekannt machen. Eine statistische Erhebung dient dazu, Daten über bestimmte Objekte zu erhalten. Diese Objekte sind die **Erhebungseinheiten** oder **Merkmalsträger**. Das können Personen, Unternehmen, Gegenstände oder sonstige Objekte sein, von denen oder über die Daten erfasst werden. An diesen Erhebungseinheiten interessieren dann besondere Eigenschaften, die sog. **Merkmale**.

Würden Personen befragt — z. B. Kunden eines bestimmten Produkts — könnte ein interessierendes Merkmal das Alter der Kunden oder die Zufriedenheit mit dem Produkt sein. Die einzelnen Werte, die die Merkmale annehmen können, nennt man **Ausprägungen**. Beim Alter (in Jahren) dürften diese biologisch begrenzt sein, auch die Zufriedenheitsskala dürfte lediglich eine Handvoll Möglichkeiten eröffnen; z. B. von »sehr zufrieden« über »teils teils« bis hin zu »völlig unzufrieden«.

Auf der anderen Seite gibt es natürlich auch Merkmale, die — zumindest theoretisch — unendlich viele Ausprägungen annehmen können. Man denke nur an Daten, die man aufgrund von Messvorgängen erhält; z. B. die Zeit, in der ein bestimmtes Produkt produziert wird oder die Länge oder das Gewicht, das es aufweist. Gerade im Rahmen der Qualitätskontrolle werden solche Merkmale oft gemessen, um Fehler im Produktionsprozess frühzeitig zu erkennen. Derartige Größen können unendlich viele, vor allem aber nicht mehr abzählbar viele Werte aufweisen. Sozusagen »künstlich« beschränkt auf eine überschaubare Anzahl ist man bei Messvorgängen lediglich durch die für den jeweiligen Fall sinnvoll gebotene oder technisch limitierte Messgenauigkeit. Solche Merkmale nennt man in der Statistik **stetige Merkmale**. Merkmale mit einer begrenzten oder auch unendlich großen, aber zumindest abzählbaren Menge an Ausprägungen heißen dagegen **diskrete Merkmale**.

Wenn Sie sich nicht sicher sind, um welche Art von Merkmalen es sich handelt, überlegen Sie einfach, auf welche Art die Merkmalsausprägungen entstehen.

Sind sie das Ergebnis eines **Messvorgangs** (z. B. die Größe, das Gewicht etc.), dann handelt es sich in der Regel um stetige Merkmale. Diskrete Merkmale sind meist das Resultat eines **Zählvorgangs** (z. B. die Anzahl der im Haushalt lebenden Kinder).

Eine weitere notwendige Merkmalstypisierung in der Statistik betrifft den Informationsgehalt der Merkmale, die sog. **Skala** oder **Skalierung**. Schauen wir uns das am Beispiel der Merkmale »Familienstand«, »Bewertung eines Sachverhalts mit Schulnoten« und »Anzahl der im Haushalt lebenden Kinder« an, die wir im Rahmen einer Befragung erhalten. Alle drei Merkmale sind diskret, weil sie nur abzählbar viele Werte annehmen können. Aber was unterscheidet diese drei Merkmale voneinander?

Nun, beim Familienstand lassen sich Ausprägungen wie »ledig«, »verheiratet«, »geschieden« oder »verwitwet« unterscheiden. Eine darüber hinausgehende Information ist diesen Werten nicht zu entnehmen. Solche Merkmale nennt man **nominal**.

Wie sieht es bei der Bewertung nach dem Schulnotensystem von »sehr gut« bis »ungenügend« aus? Neben dem reinen Unterschied lassen sich diese Ausprägung auch in eine sinnvolle Rangordnung bringen: »sehr gut« ist besser als »gut«, was wiederum besser als »befriedigend« ist usw. Es existiert also eine natürliche Reihenfolge. Derartige Merkmale werden als **ordinal** oder als Rangmerkmale bezeichnet.

Lassen sich Merkmalsausprägungen indes nicht nur unterscheiden und in eine Rangordnung bringen, sondern darüber hinaus auch wertmäßig in ihrem Unterschied bewerten, handelt es sich um **metrische** Merkmale. Das Merkmal »Anzahl der im Haushalt lebenden Kinder« ist ein typisches Beispiel hierfür. Die Anzahl »2« ist nicht nur größer als die Anzahl »1«, es lässt sich darüber hinaus auch zahlenmäßig angeben, um wie viel größer die Anzahl »2« im Vergleich zur Anzahl »1« ist: nämlich um eins größer bzw. doppelt so groß.

Hinweis: !

Ein wichtiger Hinweis noch zum ordinalen Merkmal »Schulnote«, das ja nicht selten anstelle einer formalen Beschreibung in Form von Zahlen (»1« bis »6«) vorliegt, und somit metrisch anmutet. Ein häufiger unüberlegter Einwand besteht darin, dass es hier doch ebenso möglich sei, den Unterschied zwischen den Noten wertmäßig anzugeben; die »2« sei schließlich um eins größer als die »1«.

Hier darf man aber nicht übersehen, dass es sich nur um eine **Codierung** von Ausprägungen handelt. Genauso gut könnte man die Codierung – wie es bspw. in angelsächsischen Schulsystemen üblich ist – mit Buchstaben vornehmen (»A« bis »F«). Der Wertgehalt wäre derselbe, »A« ist besser als »B«, es ließe sich aber nicht feststellen, um wie viel besser »A« im Vergleich zu »B« ist.

Mit der Problematik der Codierung ist man im Rahmen der Datenerhebung sehr oft konfrontiert. Eine Codierung von Antworten (oft bei Beurteilungs- oder Zufriedenheitsfragen) geschieht aufgrund der schnelleren Datenerfassung meist durch eine Zuordnung von Zahlen, wobei die Zahlen aber nur stellvertretend für die dahinter stehenden ordinalen Ausprägungen zu sehen sind.

Praxistipp zum Präsentieren:

Auch wenn Sie die Ausprägungen qualitativer Merkmale mit Zahlen codieren, geben Sie bei der Präsentation Ihrer Daten oder Auswertungen immer auch die tatsächlichen Wertelabel mit an, die sich hinter den Zahlen verbergen.

! **Achtung:**

Die korrekte Unterscheidung und Einordnung in die verschiedenen Merkmalstypen ist notwendig, weil sich das Methodenspektrum der Datenanalyse je nach Typ unterscheidet.

So können Kennzahlen wie der Mittelwert oder die Varianz nur bei metrischen Merkmalen berechnet und vor allem auch sinnvoll interpretiert werden, während das bei einem geringer wertig skalierten Merkmal wie dem Familienstand gar nicht möglich ist. Wir werden die für die verschiedenen Merkmalstypen geeigneten Kenngrößen noch kennenlernen.

2.2 Der Aufbau statistischer Untersuchungen

Bevor wir uns im nächsten Kapitel den Grundlagen und den prinzipiellen Vorgehensweisen der statistischen Datenerhebung widmen, sollte noch (als eine Art Überblick) die üblicherweise eingehaltene Abfolge einer statistischen Untersuchung erläutert werden.

Eine **statistische Untersuchung** lässt sich grob in vier Phasen unterteilen:

1. **Planung**
2. **Datenerhebung**
3. **Aufbereitung der Daten**
4. **Analyse und Interpretation**

Ganz wichtig — und meist vom Aufwand her unterschätzt — ist die erste Phase, die der **Planung**. Hier gilt es, zwei grundlegende Fragen zu beantworten:

- Was ist das Untersuchungsziel?
- Wie ist die Grundgesamtheit abzugrenzen?

Ein Beispiel soll das verdeutlichen: Interessiert man sich für die Analyse der Benzinpreisentwicklung im Großraum München im Herbst des Jahre 2015, ist dieses Untersuchungsziel hinsichtlich der Abgrenzung der Grundgesamtheit in mehrfacher Hinsicht zu präzisieren. Die Präzisierung hat sowohl sachlich (»Welche Treibstoffarten sollen untersucht werden?«) als auch zeitlich (»Welcher genaue Zeitraum? Tägliche oder wöchentliche Erfassung der Preise?«) und räumlich (»Wo ist die Grenze des Großraums München zu ziehen?«) zu erfolgen.

Ein sorgfältiges Vorgehen in der Planungsphase zahlt sich aus. Fehler, die in dieser Projektphase gemacht werden, machen unter Umständen die ganze Untersuchung wertlos.

Mit der zweiten Phase, der **Datenerhebung**, befassen wir uns im nächsten Kapitel etwas ausführlicher, weil sie unmittelbare Auswirkungen auf die Datenanalyse hat. Halten wir an dieser Stelle nur kurz fest: Bei der Datenerhebung geht es um die Frage, welche Daten in welcher Form von welchen Objekten erhoben werden.

Liegen die Daten erst einmal vor, beginnt die nächste Phase, die der **Datenaufbereitung**. Hier werden die Daten zunächst einmal auf Vollständigkeit und Plausibilität hin geprüft. Anschließend müssen die Daten ggf. geordnet und verdichtet werden. In Form von Tabellen und grafischen Darstellungen lässt sich die Datenstruktur auf einfache Weise sichtbar machen. In diesem Zusammenhang werden uns die vielfältigen Methoden, die die deskriptive Statistik bietet, begegnen.

Anschließend steht die eigentliche **Analyse** der Daten an: die Berechnung von Kennzahlen, die Suche nach den Zusammenhängen verschiedener Merkmale oder nach den Ursachen bestimmter Entwicklungen, das Stellen von Prognosen, das Aufstellen und Überprüfen von Hypothesen. Wir werden uns ausführlich auch damit beschäftigen.

Was am Ende jedoch keinesfalls fehlen sollte, ist die sachbezogene **Interpretation** der Analyseergebnisse. Sie ist mindestens so wichtig wie die Wahl der richtigen Verfahren für die jeweiligen Fragestellungen. Statistische Analysen kann im Prinzip jeder anwenden. Herkömmliche Statistikprogramme wie SPSS, SAS, Stata oder die Open-Source-Software R, die in vielen Unternehmen und Organisationen eingesetzt werden, oder auch das Programm Excel, das mit einer Reihe von statistischen Funktionen aufwartet, machen es selbst dem Laien denkbar einfach, bestimmte Verfahren zu durchlaufen. Hier stellt sich jedoch immer die Frage: Eignet sich das ausgewählte Verfahren für meine Fragestellung? Und: Wie ist das Resultat zu deuten? Die richtigen Antworten auf diese Fragen findet in der Regel nur der, der sich mit der grundlegenden statistischen Theorie auseinandergesetzt hat und der deshalb weiß, was er macht und warum er es macht.

! **Zusammenfassung:**

Wir stellen fest: Statistik beschäftigt sich mit Daten, die es zu sammeln, auszuwerten und zu analysieren gilt. Dazu kann die Statistik in verschiedene Teilgebiete unterteilt werden, in einen beschreibenden und einen schließenden Teil. Daneben existiert die Wahrscheinlichkeitsrechnung als ein Bindeglied.

Daten sind immer mit Merkmalen verbunden, von denen wir uns die unterschiedlichen Arten angesehen haben. Auch der wichtige Aspekt der Skalierung von Merkmalen ist uns begegnet. Zuletzt konnten wir sehen, wie sich die Abfolge einer statistischen Untersuchung in mehrere Phasen einteilen lässt, die es stets zu beachten gilt.

3 So gewinnen Sie statistische Daten

Hier erfahren Sie ... !

- ... woher Sie Daten bekommen.
- ... welche Techniken zur Datenerhebung es gibt.
- ... was eine Stichprobe ist, und auf welche Weise Sie sie ziehen können.

Es gibt verschiedene Wege, an Daten für statistische Analysen zu gelangen. Man unterscheidet in diesem Zusammenhang zwischen der Erhebungsart und der Erhebungstechnik.

Bei den **Erhebungsarten** geht es zum einen um die Frage, ob bisher noch nicht erfasste Daten gewonnen werden sollen (primärstatistische Datenerhebung) oder ob Sie sich bereits vorhandener Informationsquellen bedienen und keine neuen Daten erfassen sollen (sekundärstatistische Datenerhebung). Zum anderen spielt der Umfang der Erhebung eine Rolle. Werden die Daten von allen einer speziellen Grundgesamtheit angehörenden Merkmalsträgern erfasst (Vollerhebung) oder nur von einem Teil dieser Gesamtheit (Teilerhebung oder Stichprobe). Hier interessiert auch das jeweilige Auswahlverfahren, das bei Teilerhebungen zur Anwendung kommt.

Die **Erhebungstechniken** dagegen bestimmen, *wie* Sie an die Daten gelangen. Das kann dadurch geschehen, dass Sie eine Befragung durchführen (lassen), oder dadurch, dass Sie die Daten einfach durch Beobachten (bzw. im Rahmen eines Experiments) erhalten. Wir wollen uns zunächst mit den Techniken der Datenerhebung auseinandersetzen.

3.1 Die Erhebungstechniken

Grundsätzlich lassen sich drei **Erhebungstechniken** unterscheiden:

- die **Befragung**
- die **Beobachtung**
- das **Experiment**

Eine Befragung kann auf unterschiedliche Weise erfolgen. Es gibt die persönliche, die telefonische, die postalische bzw. schriftliche Befragung und die Online-Befragung.

Bei der persönlichen Befragung (Face-to-Face-Befragung) werden die Daten durch Interviewer erhoben, während bei Telefonbefragungen der »persönliche« Kontakt zum Befragten meist über Callcenter hergestellt wird. Fragebögen, die postalisch (oder auch per E-Mail) zugesandt werden, verlangen dagegen eine schriftliche Beantwortung und eine Rücksendung der Antworten. Bei Online-Befragungen erfolgt die Datenerfassung im Internet mithilfe spezieller Eingabemasken.

Die verschiedenen Techniken haben alle sowohl Vor- als auch Nachteile und sollten dem verfolgten Untersuchungsziel, der Zielgruppe und dem damit verbundenen Kosten- und Zeitaufwand gemäß gewählt werden. In Tabelle 3.1 finden Sie eine Übersicht über die Vor- und Nachteile der verschiedenen Erhebungstechniken.

Persönlich	**Telefonisch**
Vorteile: ▪ Verwendung von Hilfsmitteln möglich ▪ Interviewerbeobachtungen möglich ▪ Interviews können länger sein	Vorteile: ▪ Relativ schnelle und kostengünstige Durchführung in Callcentern ▪ Größere Anonymität als bei Face-to-Face-Befragung, folglich geringere Hemmschwelle bei heiklen Fragen
Nachteile: ▪ Relativ teuer ▪ Rücklaufzeiten können lange sein ▪ Bewusste oder unbewusste Interviewerfehler	Nachteile: ▪ Geringe Responserate ▪ Wenig Hilfsmittel möglich ▪ Wird evtl. als monoton und ermüdend empfunden ▪ Nur kürzere Interviews (15–25 Min.)

Schriftlich	Online
Vorteile: ▪ Meist standardisierte Fragebögen ▪ Relativ kostengünstig ▪ Hohe Anonymität ▪ Einfache Verwaltung ▪ Kein Interviewerfehler ▪ Befragter kann sich Zeit lassen	Vorteile: ▪ Kostengünstig ▪ Möglichkeit diverser optischer oder akustischer Hilfsmittel ▪ Kein Interviewerfehler ▪ Leichte Auswertung der Daten, da bereits elektronisch erfasst
Nachteile: ▪ Keine Nennenswerten	Nachteile: ▪ Kaum Kontrolle über die Befragten ▪ Verärgerung der Nutzer durch unerwünschte E-Mails ▪ Extreme Selbstselektion (d. h. nur die mit spezieller Motivation bzgl. der Thematik antworten)

Tab. 3.1: Vor- und Nachteile verschiedener Möglichkeiten der Befragung

Die Beobachtung durch Augenschein (z. B. eine Verkehrszählung) bzw. mithilfe von Messgeräten oder die experimentelle Datengewinnung (z. B. im Rahmen von Labortests) wollen wir nicht detailliert betrachten. Klar sollte allerdings sein, dass die Gewinnung von Daten in vielen Fällen durch den Vorgang einer Messung erfolgt; also streng genommen durch Beobachtung. Als Beispiel sei hier das Messen von Eigenschaften hergestellter Produkte im Rahmen der Qualitätskontrolle genannt.

3.2 Die Erhebungsarten

3.2.1 Primär- und sekundärstatistische Erhebung

Die **sekundärstatistische Erhebung** (in der Marktforschung spricht man oft von Sekundärforschung oder *desk research*) greift auf bereits vorhandene Ergebnisse statistischer Untersuchungen zurück. Wohlgemerkt: Es liegen hier meist nur bereits verdichtete Daten in Form von Tabellen oder Statistiken vor, nicht die hierfür eingesetzten Rohdaten. Das mag als nachteilig angesehen werden. Auch können die Daten veraltet sein und die Informationen nicht exklusiv für die eigenen Belange zur Verfügung stehen. Vorteilhaft an der sekundärstatistischen Erhebung ist allerdings der Aspekt, dass keine kosten- und zeitintensiven Erhebungen durchgeführt werden müssen.

Es gibt eine Reihe amtlicher und nicht amtlicher Sekundärquellen, über die (zum Teil kostenlos und online) geeignetes Datenmaterial für eigene Untersuchungen bezogen werden kann. Tabelle 3.2 bietet einen kurzen, aber keinesfalls allumfassenden Überblick.

Amtliche Quellen	Nicht amtliche Quellen
▪ Statistisches Bundesamt – Statistisches Jahrbuch – Fachserien ▪ Statistische Landesämter ▪ Bundesministerien ▪ Bundesämter ▪ Deutsche Bundesbank ▪ Bundesagentur für Arbeit ▪ Internationale Organisationen – OECD – UN – OPEC	▪ Interessenverbände – Bundesverband der Arbeitgeberverbände – Deutscher Gewerkschaftsbund ▪ Wirtschaftsforschungsinstitute – Ifo-Institut (München) – DIW (Berlin) – Institut für Weltwirtschaft (Kiel) – Institut für Wirtschaftsforschung (Halle) – RWI (Essen) ▪ Unternehmen (intern) – Lohn-, Gehaltsstatistiken – Preis-, Material-, Bestelllisten – Kundenadressen und Kundenmerkmale – Umsatzstatistiken ▪ Unternehmen (extern) – Umfrageergebnisse – Mikrogeografische Daten

Tab. 3.2: Einige amtliche und nicht amtliche Quellen sekundärstatistischer Daten

Bei der **primärstatistischen Datenerhebung** (in der Marktforschung kurz als Primärforschung oder *field research* bezeichnet) werden neue, bisher nicht erfasste Daten erhoben. Der Vorteil gegenüber der sekundärstatistischen Erhebung liegt auf der Hand: Es stehen aktuelle Informationen exklusiv für die eigene Untersuchung zur Verfügung. Zudem kann das Erhebungsdesign speziell für die eigene Fragestellung gestaltet werden. Nachteilig ist allerdings die Zeit- und Kostenintensität dieser Erhebungsform. Außerdem ist für die primärstatistische Datenerhebung spezielles Know-how erforderlich.

Praxistipp zum Präsentieren:

Wenn Sie Sekundärmaterial verwenden, dann weisen Sie bei Ihren Untersuchungen stets auf die genauen Quellen hin. Ihre Auswertungen gewinnen an Glaubwürdigkeit, wenn Sie die Quellen exakt benennen können.

Achten Sie dabei aber immer auch auf die Seriosität der Datenquellen, insbesondere dann, wenn es sich um nicht amtliche Quellen handelt.

3.2.2 Umfang der Erhebung

Grundsätzlich haben Sie es mit einer **Vollerhebung** zu tun, wenn die Daten von allen Objekten einer bestimmten Grundgesamtheit erhoben werden. Der Vorteil ist, dass Sie zu sämtlichen Merkmalsträgern, die zur Grundgesamtheit gehören, Informationen erhalten (vollständige Informationen). Da diese Erhebungsart mitunter äußerst zeitaufwendig und kostspielig ist und sich oft auch gar nicht durchführen lässt (z. B. weil die Grundgesamtheit nicht exakt abgrenzbar ist), ist sie nur in den seltensten Fällen praktikabel. Bei einer Mitarbeiterbefragung in einem Sportverein, dessen Mitgliederzahl »genügend klein« ist, ist eine Vollerhebung eher denkbar als bei einer landes- oder bundesweiten Umfrage zur Wahlabsicht.

Ein bekanntes Beispiel einer Vollerhebung mit »großer Grundgesamtheit« ist die zuletzt 1987 in Deutschland durchgeführte Volkszählung. Die Befragung hatte einen Umfang von 82,4 Mio. Personen (da nach der Wiedervereinigung auch die Daten der ehemaligen DDR-Bürger hinzugezählt wurden) und erfolgte persönlich durch Interviewer. Aufgrund einer gesetzlichen Anordnung war jede befragte Person zur Auskunft verpflichtet. Die Ergebnisgenauigkeit und die Qualität der Datenbasis war sehr gut, während der Aufwand (ca. 500.000 Interviewer mussten eingesetzt werden) und die Kosten (damals geschätzt über 2 Mrd. DM) immens hoch waren. Der im Jahr 2011 durchgeführte EU-weite Zensus war keine reine Vollerhebung mehr, sondern basierte zum Großteil nur noch auf Abgleichen verschiedener Register, die durch Teilerhebungen ergänzt wurden.

In den meisten Fällen macht der Aufwand an Zeit und Geld eine Vollerhebung nicht durchführbar, wenn nicht sogar praktisch unmöglich. In diesen Fällen müssen Sie sich damit begnügen, die gewünschten Informationen nur von einem Teil der zur Grundgesamtheit gehörenden Merkmalsträger (z. B. Personen) zu erheben. Folglich spricht man von einer **Teilerhebung**. Die Vorteile lassen sich schon aus den Nachteilen der Vollerhebung ablesen: Teilerhebungen sind weniger zeit- und kostenintensiv und schneller und einfacher praktisch durchführbar. Sie erhalten zwar nur Daten von einem Teil der interessierenden Gesamtheit, es lassen sich aber mithilfe statistischer Methoden Rückschlüsse auf die Grundgesamtheit, aus der die Teilerhebung stammt, ziehen (Aufgabe der schließenden Statistik). Streng genommen ist das allerdings nur dann möglich, wenn die Daten der Teilgesamtheit mit einem speziellen Auswahlverfahren, der sog. **zufälligen Stichprobe**, gewonnen wurden. Diese und weitere mögliche Auswahlverfahren wollen wir im Folgenden kurz betrachten.

Praxistipp zum Präsentieren:

Wenn Sie eine Teilerhebung durchführen, dann geben Sie bei allen auf der Stichprobe beruhenden Auswertungen immer den Stichprobenumfang mit an.

Verschweigen Sie den Stichprobenumfang auch dann nicht, wenn er Ihnen selbst als zu gering erscheint, um valide Aussagen zu ermöglichen.

3.3 Die Auswahlverfahren

3.3.1 Reine Zufallsverfahren

Genau genommen dürfte man von einer (zufälligen) Stichprobe nur dann sprechen, wenn man es mit einem speziellen Auswahlverfahren, dem der **Zufallsauswahl**, zu tun hat. Bei diesem Verfahren hat jedes Element der Grundgesamtheit grundsätzlich dieselbe Chance, in die Stichprobe zu gelangen. Wie lässt sich das bewerkstelligen? Nun, am einfachsten mit einem Losverfahren, wie wir es z. B. von der Lottoziehung kennen. Auch die Auswahl mittels Zufallszahlen gehört zur echten Zufallsauswahl.

Heutzutage braucht man hierzu nicht mehr auf Zufallszahlentafeln zurückgreifen. Mit Programmen wie Excel lässt sich ganz einfach zu jedem Element, das zur Auswahl steht, eine Zufallszahl (bspw. im Intervall zwischen 0 und 1 gelegen) erzeugen. Die Auswahl erfolgt dann, indem die Elemente mit den kleinsten bzw. größten Zufallszahlen – je nach Umfang der Stichprobe – ausgewählt werden.

Das Verhältnis zwischen dem Umfang der Stichprobe und dem Umfang der Grundgesamtheit liefert den sog. **Auswahlsatz**. Besteht z. B. die Grundgesamtheit aus 2.000 Personen und soll der Auswahlsatz 5 % betragen, müssen in der Stichprobe 100 Personen befragt werden.

Ebenfalls zur Zufallsauswahl gehören Verfahren wie das sog. Schlussziffernverfahren oder die Geburtstagsauswahl. Beim Schlussziffernverfahren werden unter den durchnummerierten Elementen der Grundgesamtheit jene ausgewählt, deren Endziffern mit den Ziffern übereinstimmen, die zuvor mit einem Zufallsgenerator erzeugt wurden. Beim Geburtstagsverfahren, das vorrangig in der Bevölkerungsstatistik angewendet wird, werden jene Personen in die Stichprobe genommen, die an einem bestimmten Tag im Jahr Geburtstag haben.

3.3.2 Bedingte Zufallsverfahren

Die bisher genannten Verfahren gehören den **reinen Zufallsverfahren** an. Daneben existiert eine Reihe von **bedingten Zufallsverfahren**, die in der Praxis weit verbreitet sind und die es erlauben, den sog. Stichprobenfehler zu minimieren.

Der Stichprobenfehler entsteht immer dann, wenn mithilfe einer Stichprobe Rückschlüsse auf die Grundgesamtheit gezogen werden sollen (was eben nicht fehlerfrei möglich ist). Das Durchschnittsalter aller Kunden im Bestand ließe sich z. B. durch das Durchschnittsalter der in die Stichprobe einbezogenen befragten Kunden schätzen, wobei ein Fehler bei dieser Schätzung eine gewisse Wahrscheinlichkeit besitzt.

Mit den bedingten Zufallsauswahlverfahren beschäftigt sich eine eigene Teildisziplin der Statistik, die sog. Stichprobentheorie.

Eine Teilgesamtheit infolge einer zufälligen Stichprobenziehung zu erhalten, ist grundsätzlich eine Voraussetzung dafür, den Stichprobenfehler mit den Methoden der Wahrscheinlichkeitsrechnung zu bestimmen, und über die deskriptive Beschreibung der Daten hinaus schließende Statistik betreiben zu können.

3.3.3 Die bewusste Auswahl

In der Praxis wird allerdings vielfach die sog. **bewusste Auswahl** anstelle oder ergänzend zur Zufallsauswahl eingesetzt. Bei einer bewussten oder geplanten Auswahl werden die Elemente einer Grundgesamtheit nicht mehr zufällig, sondern zielgerichtet entnommen.

Zu den bekanntesten Techniken gehören das Quotenauswahlverfahren und das Abschneideverfahren (Cut-off-Verfahren) bzw. das Konzentrationsprinzip. Das Quotenverfahren basiert auf der Vorstellung, dass die Stichprobe dieselbe Struktur wie die Grundgesamtheit, aus der sie stammt, hat und somit quasi ein verkleinertes Abbild der Grundgesamtheit darstellt. Der Begriff, den man in diesem Zusammenhang meistens gebraucht, ist der der **Repräsentativität**. Man benutzt sog. Quotenmerkmale, um die Stichprobe repräsentativ zu machen. Ein kleines Beispiel soll das verdeutlichen:

! **Beispiel:**

Im gesamten Kundenbestand (der Grundgesamtheit) beträgt das Verhältnis zwischen Männern und Frauen 40 % zu 60 %. Eine Teilerhebung zur Kundenzufriedenheit sieht nun vor, dass dieses Verhältnis des Quotenmerkmals »Geschlecht« auch in der Teilgesamtheit Bestand hat. Natürlich können noch weitere solcher Quotenmerkmale berücksichtigt werden. Sicherstellen lässt sich die »Gleichheit« der Strukturen zwischen Grund- und Teilgesamtheit also durch Merkmale, deren Verteilung in der Grundgesamtheit bekannt sein muss. Sie gehören dann nicht zu den interessierenden Merkmalen, sondern dienen lediglich der Quotierung.

An dieser Stelle sei jedoch auf den weit verbreiteten Irrtum eingegangen, die Qualität einer Stichprobe bzw. einer Teilerhebung hinge einzig vom Grad der Repräsentativität ab.

Erstens kann kein Auswahlverfahren eine exakte Gleichheit der Häufigkeitsverteilungen der zu erhebenden Merkmale in Grund- und Teilgesamtheit leisten. Sofern man lediglich an einer deskriptiven Analyse der Teilgesamtheit interessiert ist, kann zwar durchaus auf »Tricks« wie die Quotierung oder nachträgliche Gewichtung der Daten zur Erhöhung der Repräsentativität zurückgegriffen werden, es sollte aber klar sein, dass Verfahren der schließenden Statistik dann nicht anwendbar sind.

Zweitens kann im Rahmen einer Zufallsauswahl alleine durch eine Erhöhung des Stichprobenumfangs sichergestellt werden, dass sich der Grad der Repräsentativität der Stichprobe erhöht. Wählen Sie z. B. aus einer Grundgesamtheit von 100 Personen zufällig 30 aus, dann werden Sie mit diesen 30 Personen die Gesamtheit sicher besser repräsentieren können als das bei nur fünf Personen der Fall wäre. Mit einem größeren Stichprobenumfang lassen sich darüber hinaus auch die Rückschlüsse auf die Grundgesamtheit sicherer machen.

Beim sog. Abschneideverfahren (oder Konzentrationsprinzip) konzentriert man sich bei der Auswahl auf die für das zu erhebende Merkmal wirklich wichtigen Elemente der Grundgesamtheit. Interessieren z. B. die Investitionsgüterausgaben einer Branche, kann man getrost alle Kleinbetriebe (z. B. alle Betriebe, die unter einer bestimmten Mitarbeiterzahl liegen und deshalb in der Summe nur unwesentlich an den Gesamtausgaben der Brache teilhaben) von vorneherein von der Erhebung ausschließen.

Eine weitere, nicht zufällige und zudem nicht repräsentative Vorgehensweise ist die willkürliche Auswahl. Beispielhaft hierfür sind Umfragen, die zu einer bestimmten Zeit an einem bestimmten Ort (z. B. in einer Fußgängerzone nachmittags um 15 Uhr) durchgeführt werden. Jeder, der gerade um diese Zeit an diesem Ort unterwegs ist, kann prinzipiell von einem Interviewer willkürlich ausgewählt und befragt werden. Die Auswahl erfolgt gewissermaßen »aufs Geratewohl«. Dabei werden aber von vorneherein jene Personengruppen ausgeschlossen, die zu dieser Zeit nicht die Fußgängerzone bevölkern, weil sie z. B. arbeiten. Ein systematischer Fehler ist dadurch unvermeidbar. Eine derartige Vorgehensweise ist deshalb nicht zu empfehlen.

Praxistipp zum Präsentieren:

Das verwendete Auswahlverfahren sollten Sie gut erklären und begründen können. Bezeichnen Sie Ihre Auswahl bitte nur dann als repräsentativ, wenn sie auf einem echten Zufallsverfahren beruht.

Egal, auf welchen Wegen Sie die zu analysierenden Daten erhalten haben, der nächste Schritt, der auf die Erhebung folgt, ist die Aufbereitung der Daten. Diesem Aspekt widmen wir uns im nachfolgenden Kapitel.

! **Zusammenfassung:**

Schwerpunkt dieses Kapitels war der Aspekt der Datenerhebung. Wir haben gefragt, woher Daten stammen können, auf welche Art und Weise und in welchem Umfang sie sich erheben lassen. Uns sind verschiedene Erhebungstechniken begegnet, wobei wir uns die Technik der Befragung im Detail angesehen haben. Hierbei konnten wir Vor- und Nachteile alternativer Befragungsmöglichkeiten identifizieren.

Einen wichtigen Punkt im Rahmen der Datenerhebung stellen auch die Auswahlverfahren dar. Wir haben zwischen der Zufallsauswahl und der bewussten Auswahl in all ihren Ausgestaltungen unterschieden und dabei festgestellt, dass — streng genommen — nur die Zufallsauswahl die Anwendung schließender statistischer Verfahren rechtfertigt.

4 So bereiten Sie statistische Daten auf

Hier erfahren Sie ...

!

- ... wie Sie Daten tabellarisch aufbereiten.
- ... was eine Häufigkeitsverteilung ist.
- ... welche Möglichkeiten der grafischen Darstellung es gibt.
- ... wie zwei Merkmale gemeinsam betrachtet werden können.

In aller Regel sitzen Sie nach der Datenerfassung auf einem Berg ungeordneter, unübersichtlicher Daten, die von unterschiedlichen Merkmalen stammen. Als Allererstes sollten Sie sich einen groben Überblick über die Daten und ihre Struktur verschaffen.

Die Vielzahl von Einzeldaten beinhaltet zwar die größtmögliche Information, leider aber auch die größtmögliche Unübersichtlichkeit. Meistens geht es nämlich bei statistischen Auswertungen nicht um die Einzelinformationen, sondern um die Informationen, die die Gesamtheit kennzeichnen. Es bietet sich deshalb, unter Einschränkung der Informationsfülle, an, den Grad der Übersichtlichkeit durch ein Verdichten der Informationen zu erhöhen. Das lässt sich z. B. dadurch erreichen, dass Sie die Einzeldaten gruppieren, Häufigkeitsauszählungen vornehmen, die Daten in Tabellenform bringen, grafisch oder halbgrafisch darstellen oder Kennzahlen verschiedenster Art berechnen.

Wir werden uns im Folgenden mit den verschiedenen Formen der Aufbereitung beschäftigen, die uns eine tabellarische und grafische Darstellung der Daten ermöglichen.

4.1 Häufigkeitsverteilungen einzelner Merkmale

Bevor es an die Erstellung von Tabellen und Grafiken geht, sollten wir noch einige Grundbegriffe, die in diesem Zusammenhang öfters verwendet werden, erläutern.

Ist von einer **Häufigkeitsverteilung** die Rede, meint man damit einfach die Zuordnung der absoluten oder relativen Häufigkeiten zu allen Ausprägungen eines Merkmals. Hierdurch erkennt man, wie sich die Merkmalsträger über die Ausprägungen des untersuchten Merkmals »verteilen«. So wird auf einfache Weise die Verteilungsstruktur der Daten ersichtlich.

Nehmen wir an, uns liegen nach einer Erhebung 300 Werte eines statistischen Merkmals vor (z. B. das Alter von jedem der 300 befragten Mitarbeiter eines Unternehmens). Die absolute Häufigkeit, die wir für jede der verschiedenen Merkmalsausprägungen erhalten, entspricht der Häufigkeit, mit der diese Ausprägung in der Erhebung aufgetreten ist. Teilt man jede der absoluten Häufigkeiten durch die Gesamtanzahl der Beobachtungswerte (im Beispiel 300), erhält man für jede Merkmalsausprägung seine **relative Häufigkeit**. Die relative Häufigkeit gibt also den jeweiligen Anteil der Ausprägung an der Gesamtheit aller Beobachtungswerte an. Multipliziert mit 100 ergeben sich daraus Prozentzahlen.

4.1.1 Tabellarische Darstellung

Mit einer **Häufigkeitstabelle** lässt sich die Häufigkeitsverteilung eines Merkmals tabellarisch darstellen. Solche Tabellen lassen sich sowohl für ein Merkmal allein als auch für zwei oder mehrere Merkmale gemeinsam erstellen. Im erstgenannten Fall spricht man von einer eindimensionalen, ansonsten von einer zwei- bzw. mehrdimensionalen Häufigkeitstabelle.

Nehmen wir an, im Rahmen einer Mitarbeiterbefragung unter den 50 Mitarbeitern der Produktionsabteilung unseres Beispielbetriebs wurden u. a. die Merkmale »Alter (in Jahren)«, »Familienstand«, »Anzahl der im Haushalt lebenden Kinder« und »Zufriedenheit mit der Arbeit« erhoben. Betrachten wir hierzu einen Ausschnitt aus dem Fragebogen:

Frage 1:

Geben Sie bitte Ihr Alter (in Jahren) an:

....

Frage 2:

Geben Sie bitte Ihren Familienstand an:

☐ ledig (= 1)

☐ verheiratet (= 2)

☐ geschieden (= 3)

Frage 3:

Wie viele Kinder (unter 18 Jahren) wohnen in Ihrem Haushalt?

....

Frage 4:

Wie zufrieden sind Sie mit Ihrer Arbeit?

☐ sehr zufrieden (= 1)

☐ zufrieden (= 2)

☐ mittelmäßig (= 3)

☐ unzufrieden (= 4)

☐ sehr unzufrieden (= 5)

Abb. 4.1: Ausschnitt aus dem Fragebogen zu einer Mitarbeiterbefragung

Beim »Familienstand« handelt es sich um ein nominales Merkmal, während die Merkmale »Alter« und »Anzahl der im Haushalt lebenden Kinder« metrisch sind. Hier treten Zahlen als Ausprägungen auf. Die »Zufriedenheit mit der Arbeit« ist dagegen ordinal skaliert. Die Zahlen, die auch den Antworten zum Familienstand und zur Zufriedenheit zugewiesen wurden, dienen lediglich der Codierung und sind bei der elektronischen Datenerfassung bzw. Auswertung hilfreich.

Die Häufigkeitstabelle für das Merkmal »Familienstand« sieht folgendermaßen aus:

Familienstand	(abs.) Häufigkeit	(rel.) Häufigkeit
Ledig	20	0,40
verheiratet	25	0,50
geschieden	5	0,10

Tab. 4.1: Häufigkeitsverteilung des nominalen Merkmals »Familienstand«

Bei nominalen Merkmalen ist die Reihenfolge der Ausprägungen nicht von Belang. Der Anteil der verheirateten Mitarbeiter beträgt 25 von 50, also 0,50, was multipliziert mit 100 dem Prozentwert 50 % entspricht.

Auf dieselbe Art und Weise lässt sich eine Häufigkeitstabelle für das ordinale Merkmal »Zufriedenheit mit der Arbeit« erstellen. Da die Ausprägungen hier sinnvoll in eine Rangordnung gebracht werden können, sollte man die Rangordnung auch bei der Häufigkeitstabelle beibehalten.

Zufriedenheit	(abs.) Häufigkeit	(rel.) Häufigkeit
sehr zufrieden	8	0,16
zufrieden	12	0,24
mittelmäßig	16	0,32
unzufrieden	10	0,20
sehr unzufrieden	4	0,08

Tab. 4.2: Häufigkeitsverteilung des ordinalen Merkmals »Zufriedenheit«

Beim Merkmal »Kinderanzahl« haben wir es mit einem metrischen Merkmal zu tun, das bereits von sich aus nur Zahlen als Ausprägungen aufweist. Die Häufigkeitstabelle umfasst für jede der aufgetretenen Werte wiederum die absolute und die relative Häufigkeit.

Kinderanzahl	(abs.) Häufigkeit	(rel.) Häufigkeit
0	18	0,36
1	12	0,24
2	15	0,30
3	4	0,08
4	1	0,02

Tab. 4.3: Häufigkeitsverteilung des metrischen Merkmals »Kinderanzahl«

Bei metrischen Merkmalen sind über die Angabe der absoluten und relativen Häufigkeiten hinaus oftmals auch die **Summenhäufigkeiten** (oder kumulierten Häufigkeiten) mit aufgeführt.

Sie geben die Anzahl bzw. den Anteil jener Elemente an, deren Ausprägung kleiner oder gleich einer bestimmten Ausprägung ist.

Wir erhalten sie, indem wir die Häufigkeiten aller Merkmalsausprägungen schrittweise aufsummieren (kumulieren), wobei wir mit der Häufigkeit der kleinsten Ausprägung beginnen. Die kumulierte Häufigkeit der kleinsten Ausprägung entspricht somit nur ihrer eigenen Häufigkeit. Addieren wir zu dieser nun die Häufigkeit der nächst größeren Ausprägung hinzu, erhalten wir die Summenhäufigkeit für diese Ausprägung. Fahren wir in gleicher Weise fort, so wird klar, dass die Summenhäufigkeit der größten (letzten) Ausprägung der Gesamtsumme aller Häufigkeiten entspricht. Bei relativen Häufigkeiten ist das der Wert 1, bei absoluten Häufigkeiten die Anzahl aller Beobachtungen.

Beim Merkmal »Kinderanzahl« ergibt sich die relative kumulierte Häufigkeit für die Ausprägung »2« z. B. mit 0,36 + 0,24 + 0,30 = 0,90. Diese Zahl besagt, dass 90 % der befragten Mitarbeiter maximal zwei in ihrem Haushalt lebende Kinder haben.

Ergänzt um die relativen Summenhäufigkeiten für alle Ausprägungen erhalten wir die folgende Häufigkeitstabelle für die Kinderanzahl:

Kinderanzahl	(abs.) Häufigkeit	(rel.) Häufigkeit	(rel.) Summen-häufigkeit
0	18	0,36	0,36
1	12	0,24	0,60
2	15	0,30	0,90
3	4	0,08	0,98
4	1	0,02	1

Tab. 4.4: Häufigkeitsverteilung mit Summenhäufigkeit des metrischen Merkmals »Kinderanzahl«

Aber auch Angaben zum Anteil derjenigen Personen, »die mindestens drei Kinder« oder »mindestens ein Kind und höchstens drei Kinder« haben, lassen sich mithilfe relativer Summenhäufigkeiten problemlos angeben. Im ersten Fall ergibt sich der Anteil mit 1 — 0,90 = 0,10; das entspricht 10 % der Befragten. Im zweiten Fall erhält man den Anteil mit 0,98 — 0,60 = 0,38; also 38 %. Der Rechenweg sollte klar sein.

Praxistipp zum Präsentieren:

Verwenden Sie einfache Tabellen, wenn Sie Ihre verdichteten Daten präsentieren. Überfrachten Sie die Tabellen nicht mit zusätzlichen Spalten, die Informationen beinhalten, die für die Fragestellung unwesentlich sind.

Hat man es — anders als im obigen Beispiel — nicht mit einer »überschaubaren« Anzahl an Ausprägungen, sondern mit sehr vielen Ausprägungen zu tun, ist es — zugunsten der Anschaulichkeit — sinnvoll, eine **Klassierung** der Ausprägungen vorzunehmen. Hierzu werden nicht mehr alle Ausprägungen einzeln aufgeführt. Vielmehr werden Klassen gebildet, zu denen dann erneut die absoluten, relativen bzw. kumulierten Häufigkeiten tabellarisch angegeben werden können. Das Ergebnis ist eine **klassierte Häufigkeitsverteilung**. Wir wollen das am Beispielmerkmal »Alter« verdeutlichen.

Nach geeigneter Klassenbildung könnte die entsprechende Tabelle wie folgt aussehen:

Alter (klassiert)	(abs.) Häufigkeit	(rel.) Häufigkeit
bis 18 Jahre	4	0,08
über 18 bis 25 Jahre	12	0,24
über 25 bis 40 Jahre	18	0,36
über 40 bis 55 Jahre	10	0,20
über 55 Jahre	6	0,12

Tab. 4.5: Klassierte Häufigkeitsverteilung des gruppierten Merkmals »Alter«

Was aber heißt »geeignet« bei der Klassenbildung? Es stellen sich hierbei einige berechtigte Fragen:

- In wie viele Klassen soll gruppiert werden?
- Wie breit sollen die Klassen sein?
- Zu welcher Klasse sollen die Klassengrenzen gehören?
- Bieten sich sog. offene Randklassen an?

Gleich vorweg: Für die Klasseneinteilung gibt es keine allgemeingültigen Regeln!

In der Literatur finden sich hierzu einige Vorschläge und Empfehlungen. So sollte z. B. die Anzahl der Klassen der Übersichtlichkeit halber nie über 20 liegen. Empfohlen wird auch, sich bei der Festlegung der Anzahl der Klassen an der Anzahl der Beobachtungswerte zu orientieren. Konkret heißt das: Die Klassenzahl sollte der Quadratwurzel der Anzahl der Beobachtungswerte entsprechen (auf eine ganze Zahl gerundet), sofern wir es mit nur wenigen Hundert Werten zu tun haben. Im obigen Beispiel (bei 50 Beobachtungen) wären nach dieser Regel sieben Klassen anzusetzen ($\sqrt{50} \approx 7$).

Es bleibt jedoch festzuhalten, dass die Art der Klassierung überwiegend durch den Sachverhalt und das Untersuchungsziel selbst bestimmt werden sollte.

So genügt es im obigen Beispiel sicherlich, die Alterswerte in fünf Klassen einzuteilen, die für die Fragestellung als sinnvoll angesehen werden können. Generell kann man sagen:

! **Wichtig:**

Bei zu vielen Klassen geht die Übersichtlichkeit verloren. Zu wenige Klassen lassen indes die Struktur der Daten nicht deutlich werden. Fallen in eine Klasse übermäßig viele Werte, sollte diese Klasse besser noch einmal geteilt werden.

Die Breite der Klassen hängt natürlich mit der gewählten Anzahl der Klassen zusammen. Bilden wir mehr Klassen, wird die Breite der einzelnen Klassen sicher abnehmen. Das heißt jedoch nicht, dass alle Klassen — wie im obigen Fall — gleich breit gewählt werden müssen. Bei Einkommensverteilungen im Rahmen der amtlichen Statistik werden z. B. bei den höheren Einkommen größere Klassenbreiten gewählt, ganz einfach, weil die Anzahl der Personen mit zunehmendem Einkommen immer kleiner wird. Bei zu geringen Klassenbreiten würden manche Klassen sonst unbesetzt bleiben.

Eine andere Frage ist die nach der Zugehörigkeit der Klassengrenze. Hier gibt es zwei Möglichkeiten:

1. Der Wert der unteren Klassengrenze gehört nicht zur Klasse, der Wert der oberen Klassengrenze dagegen schon. Man spricht dann von: »über ... bis ...«. Diese Zuordnung wird üblicherweise bei statistischen Auswertungen verwendet.
2. Der Wert der unteren Klassengrenze gehört zur Klasse, der Wert der oberen Klassengrenze dagegen nicht. Man spricht dann von: »von ... bis unter ...«. Diese Zuordnung wird vor allem in der amtlichen Statistik verwandt.

Was auffällt ist, dass wir im obigen Beispiel die erste und die letzte Klasse als sog. offene Randklassen gebildet haben: »bis 18 Jahre« bzw. »über 55 Jahre«. Auch das ist eine mögliche, aber keineswegs eine notwendige Vorgehensweise (üblich ist sie in der amtlichen Statistik).

Offenen Randklassen sind evtl. dann von Nachteil, wenn man für Auswertungen auf die Klassenmitten zurückgreifen muss. Die Klassenmitten, einfach zu bilden aus dem Mittelwert der Klassenunter- und der Klassenobergrenze, werden bei vielen statistischen Verfahren als repräsentativer Wert für die Klasse selbst verwendet. Wir werden darauf später zurückkommen. Vorerst wollen wir aber die Möglichkeit offener Randklassen für die Darstellung von Häufigkeitsverteilungen weiterhin nutzen.

Praxistipp zum Präsentieren:

Vermeiden Sie die doppelte Zuordnung von Klassengrenzen! Ordnen Sie eine Klassengrenze immer nur einer Klasse zu.

Versuchen Sie die Klassenbreiten so zu wählen, dass alle Klassen keine allzu geringen Häufigkeiten beinhalten. Orientieren Sie sich aber immer auch an der zu Grunde liegenden Fragestellung.

4.1.2 Grafische Darstellung einzelner Merkmale

Besonders anschaulich lassen sich Häufigkeitsverteilungen mithilfe von Grafiken präsentieren. Hierbei bieten sich je nach Skalenniveau eines Merkmals unterschiedliche Formen an.

Für nominal skalierte Merkmale eignen sich Säulen- oder Kreisdiagramme. Die Häufigkeitsverteilung ordinaler bzw. metrischer, nicht klassierter Merkmale lässt sich grafisch mittels Stabdiagrammen, die von metrischen, klassierten Merkmalen dagegen besser mittels Histogrammen erfassen.

Daneben gibt es noch eine Reihe weiterer grafischer Darstellungen für statistisches Datenmaterial: Punkt- oder Liniendiagramme, Häufigkeitspolygone oder Summenkurven.

Säulen- und Stabdiagramme

Bei Säulen- bzw. Stabdiagrammen handelt es sich um größenproportionale Darstellungen der Häufigkeitsverteilung von Merkmalen. Dabei gelten die folgenden Regeln:

- Für jede Merkmalsausprägung wird eine Säule/ein Stab errichtet.
- Die Höhe der Säule/des Stabes entspricht der absoluten bzw. der relativen Häufigkeit der jeweiligen Ausprägung.
- Die Säulen können beliebig breit sein.
- Die Abstände zwischen den Säulen/Stäben können beliebig gewählt werden.

Sofern wir es mit einem nominalen oder ordinalen Merkmal zu tun haben gelten die oben genannten Regeln uneingeschränkt. Für ein metrisches Merkmal mit konkreten zahlenmäßigen Ausprägungen werden die Abstände zwischen den Stäben natürlich durch die Ausprägungen selbst festgelegt.

Die relative Häufigkeitsverteilung des nominalen Merkmals »Familienstand« ließe sich als Säulendiagramm wie folgt darstellen:

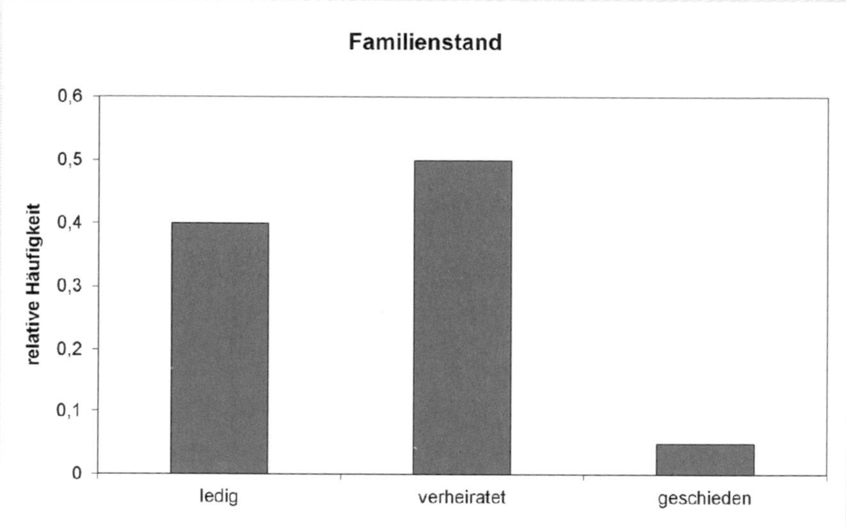

Abb. 4.2: Säulendiagramm für das nominale Merkmal »Familienstand«

Sowohl die Anordnung der Ausprägungen im Diagramm als auch die Breite der Säulen bzw. die Abstände zwischen den Säulen sind beliebig. Nur die Höhe der Säulen ist an die relativen Häufigkeiten anzupassen. Das Säulendiagramm eignet sich somit vor allem für nominal oder ordinal skalierte Merkmale.

Für metrische, nicht klassierte Merkmale werden üblicherweise Stabdiagramme verwendet. Ein Stabdiagramm ist dabei nichts anderes als ein Säulendiagramm mit minimaler Säulenbreite. Die Stäbe werden an den Stellen der Ausprägungen abgetragen.

Für die relativen Häufigkeiten des metrischen Merkmals »Kinderanzahl« ergibt sich das folgend Stabdiagramm:

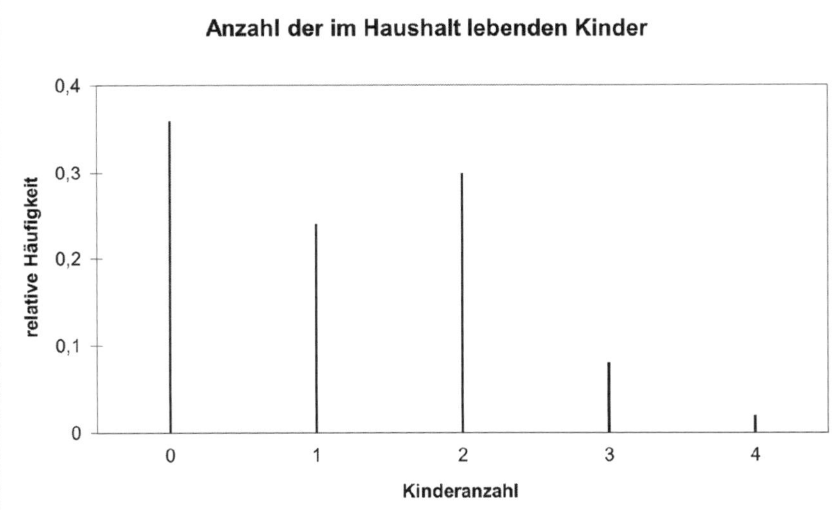

Abb. 4.3: Stabdiagramm für das metrische Merkmal »Kinderanzahl«

Kreisdiagramme

Eine weitere Möglichkeit, die Verteilung speziell bei nominal oder ordinal skalierten Merkmalen eindrucksvoll darzustellen, bieten sog. Kreisdiagramme.

Ein Kreis wird in einzelne Kreissegmente eingeteilt, deren Flächen jeweils der zugewiesenen Merkmalsausprägung entsprechen. Beim Kreisdiagramm haben wir es also mit einer flächenproportionalen Darstellungsform zu tun.

Diese Darstellungsform ist besonders für die Darstellung von relativen Häufigkeiten bei einer überschaubaren Anzahl an Ausprägungen geeignet, weil die Gesamtfläche des Kreises dann genau 100 % entspricht.

Am Beispiel des Merkmals »Zufriedenheit mit der Arbeit« wollen wir uns die Konstruktion des Kreisdiagramms etwas genauer ansehen. Das Merkmal besitzt insgesamt fünf Ausprägungen mit den in Tabelle 4.2 (Seite 40) angegebenen relativen

Häufigkeiten. Da die Flächen der fünf zu bildenden Kreissegmente den relativen Häufigkeiten entsprechen müssen, sind für die Einteilung als Erstes die Innenwinkel der Kreissegmente zu bestimmen.

Man erinnere sich: Ein Kreis besitzt einen Gesamtinnenwinkel von 360°. Um die Innenwinkel der einzelnen Sektoren zu erhalten, werden die relativen Häufigkeiten jeweils einfach mit 360° multipliziert. Tabelle 4.6 gibt diese Werte (auf ganze Zahlen gerundet) wieder.

Zufriedenheit	(rel.) Häufigkeit	Innenwinkel
sehr zufrieden	0,16	58°
zufrieden	0,24	86°
mittelmäßig	0,32	115°
unzufrieden	0,20	72°
sehr unzufrieden	0,08	29°

Tab. 4.6: Innenwinkel des Kreisdiagramms für das ordinale Merkmal »Zufriedenheit«

Das Kreisdiagramm sieht dann wie folgt aus:

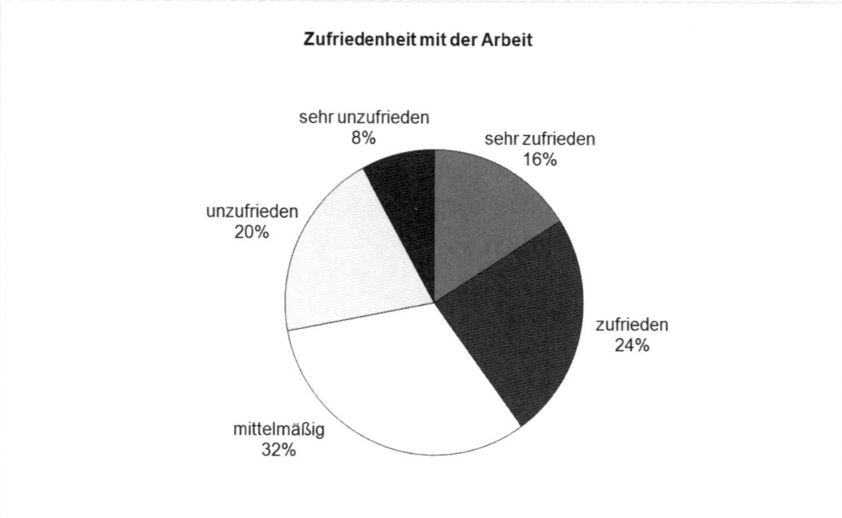

Abb. 4.4: Kreisdiagramm für das ordinale Merkmal »Zufriedenheit«

Histogramme

Histogramme sind speziell für die Darstellung der Häufigkeitsverteilung eines metrischen, klassierten Merkmals geeignet. Ihre Form erinnert stark an die der oben beschriebenen Säulendiagramme, allerdings handelt es sich hier nicht mehr um eine größenproportionale Art der Darstellung, sondern — wie beim Kreisdiagramm — um eine flächenproportionale.

Über den Ausprägungen bzw. Klassen des Merkmals werden Rechtecke gebildet, wobei nicht der Höhe, sondern der Fläche die Aufgabe zukommt, die Häufigkeitsverteilung zu repräsentieren. Die Flächen der Rechtecke entsprechen (zumindest proportional) den absoluten bzw. relativen Häufigkeiten. Hierbei ist zu unterscheiden, ob man es mit identischen Klassenbreiten oder mit verschiedenen Klassenbreiten zu tun hat.

Halten wir zunächst einmal fest, dass im Falle eines relativen (bzw. absoluten) Histogramms die Flächen der über den Klassen zu bildenden Rechtecke den relativen (bzw. absoluten) Häufigkeiten entsprechen. Kennt man die Breite der einzelnen Klassen und erinnert man sich an die geometrische Beziehung, die für das Rechteck gelten (*Fläche = Breite mal Höhe*), lassen sich die Höhen der Rechtecke einfach berechnen, nämlich nach der Formel: *Höhe = Fläche dividiert durch Breite*.

Schauen wir uns als erstes die klassierte Häufigkeitsverteilung des Merkmals »Alter« aus dem Beispiel von oben an. In Tabelle 4.5 (Seite 43) finden wir die Klassen und die zugehörigen relativen Häufigkeiten vor. An dieser Stelle taucht nun zum ersten Mal das Problem offener Randklassen auf. Um die Rechteckhöhen bestimmen zu können, benötigen wir die Klassenbreiten. Die Klassenbreiten können aber nur bei bekannten Klassenober- und Klassenuntergrenzen bestimmt werden. Wir wählen deshalb eine andere Gruppierung, wobei wir annehmen, dass die erste Klasse beim kleinsten gemessenen Alterswert beginnt und die letzte Klasse beim größten Wert endet. Unter dieser Voraussetzung lassen sich die Breiten und letztlich auch die Höhen der Rechtecke angeben (Tabelle 4.7, Seite 50).

Alter (klassiert)	(rel.) Häufigkeit = Rechteckfläche	Klassenbreite	Rechteckhöhe $= \frac{\text{Rechteckfläche}}{\text{Klassenbreite}}$
16 bis 18 J.	0,08	2	0,04
über 18 bis 25 J.	0,24	7	0,034
über 25 bis 40 J.	0,36	15	0,024
über 40 bis 55 J.	0,20	15	0,013
über 55 bis 65 J.	0,12	10	0,012

Tab. 4.7: Bestimmung des Histogramms bei unterschiedlichen Klassenbreiten für das gruppierte Merkmal »Alter«

Durch die Normierung der Rechteckhöhen, wie man den Vorgang zur Berücksichtigung der unterschiedlichen Klassenbreiten nennt, werden die Werte der Rechteckhöhen deutlich kleiner. Da es im Histogramm nicht auf die Höhe der Rechtecke, sondern ausschließlich auf die häufigkeitsproportionalen Flächen ankommt, spielt der Umstand, dass die (Werte der) Rechteckhöhen deutlich kleiner ausfallen, keine Rolle.

Unser Beispielhistogramm für das klassifizierte Merkmal »Alter« sieht wie folgt aus:

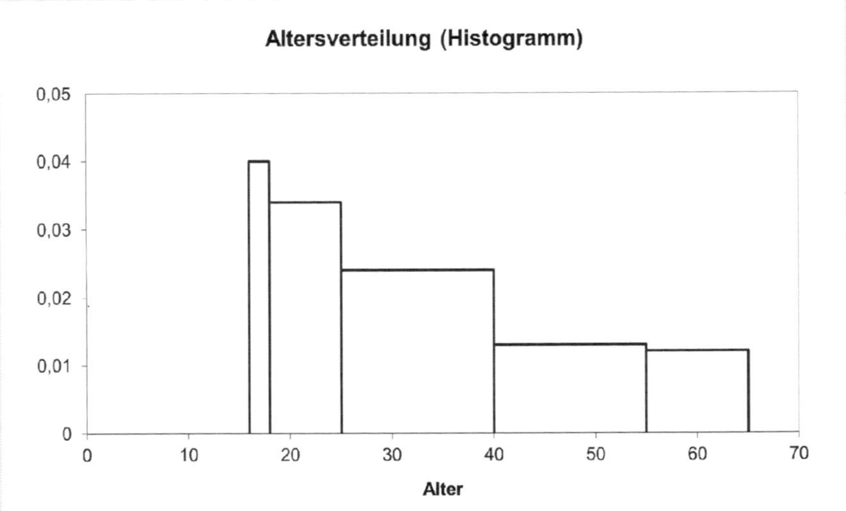

Abb. 4.5: Histogramm für das klassifizierte Merkmal »Alter«

Wir erkennen ganz deutlich, dass wir es hier mit einer deutlich asymmetrischen Altersverteilung zu tun haben.

Würden wir statt eines flächenproportionalen Histogramms einfach ein Säulendiagramm erstellen, ohne die Klassenbreiten zu berücksichtigen, erhielten wir evtl. einen vollkommen falschen Eindruck von der Altersverteilung (Abbildung 4.6).

Auf den ersten Blick scheinen wir es hier mit einer eher symmetrischen Verteilung zu tun zu haben. Erst auf den zweiten Blick — wenn wir die Klasseneinteilung näher betrachten — stellen wir fest, dass dem nicht so ist.

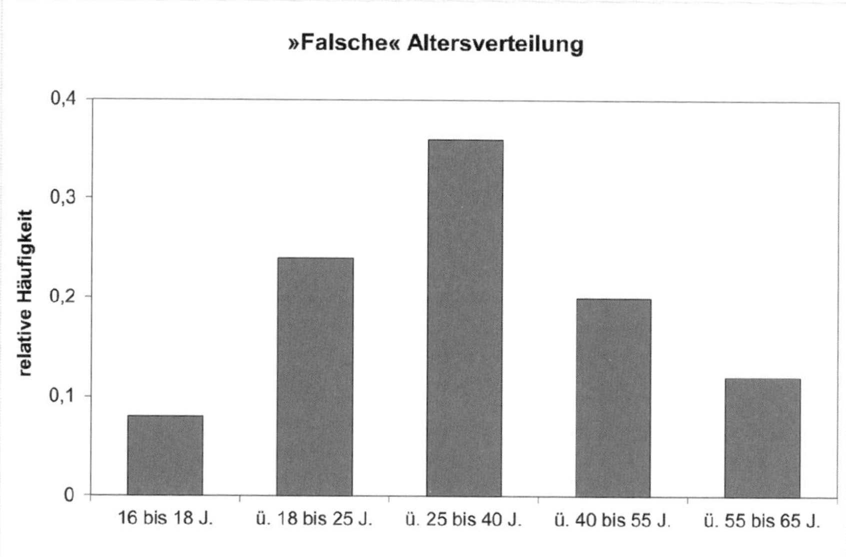

Abb. 4.6: Klassierte Altersverteilung als Säulendiagramm

!

Praxistipp zum Präsentieren:

Grafische Darstellungen sollen dem Betrachter alles Wesentliche in korrekter Weise veranschaulichen. Verwenden Sie Grafiken deshalb gezielt und unterstützend zu tabellarischen Darstellungen.

Achten Sie darauf, dass der Betrachter auf den ersten Blick die »richtigen Proportionen« wahrnimmt.

Für den Fall, dass wir es mit identischen Klassenbreiten zu tun haben (und zwar für alle Klassen), können wir auf die Normierung der Rechteckhöhen verzichten. Die Rechteckhöhen können so gewählt werden, dass sie den absoluten bzw. relativen Häufigkeiten entsprechen. Der Grundsatz, dass die Flächen proportional zu den Häufigkeiten sein sollen, ist dann automatisch erfüllt.

Ein kleines Rechenbeispiel soll das demonstrieren. Für die 50 Mitarbeiter einer Produktionsabteilung liegt die klassierte Häufigkeitsverteilung des Merkmals »geleistete Überstunden im Jahr 2015« vor.

Geleistete Überstunden 2015 (klassiert)	**(rel.) Häufigkeit = Rechteckfläche**	**Klassenbreite**	**Rechteckhöhe** $= \frac{\textbf{Rechteckfläche}}{\textbf{Klassenbreite}}$
0 bis 20	0,20	20	0,001
20 bis 40	0,36	20	0,018
40 bis 60	0,28	20	0,014
60 bis 80	0,10	20	0,005
80 bis 100	0,06	20	0,003

Tab. 4.8: Bestimmung des Histogramms bei identischen Klassenbreiten für das gruppierte Merkmal »Überstunden«

Die Klassenbreite ist jeweils gleich 20. Teilen wir die relative Häufigkeit jeweils durch die Klassenbreite (also stets durch denselben Wert), bleiben die Proportionen erhalten. Die Flächen der Rechtecke entsprechen exakt den relativen Häufigkeiten. Da es aber lediglich darauf ankommt, dass die Flächen proportional zu den relativen Häufigkeiten gewählt werden, können wir uns die Normierung sparen und die Rechteckhöhen im Histogramm mit den relativen Häufigkeiten gleichsetzen.

Summenkurven

Bei der tabellarischen Darstellung der Häufigkeitsverteilung von Merkmalen haben wir bereits die Summenhäufigkeiten kennengelernt. Für die grafische Darstellung der kumulierten Häufigkeiten mindestens ordinal skalierter Merkmale eigenen sich insbesondere die sog. Summenkurven bzw. Summenfunktionen.

Werden die relativen kumulierten Häufigkeiten mit einer Summenkurve dargestellt, spricht man auch von einer **empirischen Verteilungsfunktion**. Diesen Fall wollen wir uns anhand eines Beispiels ansehen:

Betrachten wir zunächst das metrische, nicht klassierte Merkmal »Anzahl der Kinder im Haushalt«. Die Häufigkeitsverteilung mit den kumulierten relativen Häufigkeiten ist in Tabelle 4.4 (Seite 42) wiedergegeben. Wir wollen nun die relative Summenfunktion darstellen.

Zur Erinnerung: Die relative Summenhäufigkeit gibt zu jeder Ausprägung des Merkmals an, wie groß die relative Häufigkeit für einen Wert kleiner oder gleich der betrachteten Ausprägung ist. Der zur Kinderanzahl »1« gehörende Wert 0,60 besagt also, dass 60 % der befragten Personen höchsten ein Kind (Ausprägungen »0« oder »1«) haben.

Die Summenfunktion stellt die relativen Summenhäufigkeiten für jede Ausprägung dar. Dabei ist darauf zu achten, dass die Summenfunktion für den gesamten Bereich der reellen Zahlen definiert ist. Es existiert also nicht nur dort ein Funktionswert, wo wir Ausprägungen des Merkmals tatsächlich vorfinden, sondern auch für alle anderen Werte, und zwar auch dann wenn sie als Ausprägungen gar nicht vorkommen (können).

Dieser Ansatz mag auf den ersten Blick vielleicht verwirrend wirken, er lässt sich aber einfach erläutern: Wir wissen, dass der Anteil der Personen, die maximal ein Kind haben, bei 60 % liegt. Der Anteil derjenigen mit maximal zwei Kindern beträgt dagegen bereits 90 %. Wie groß ist dann z. B. der Anteil derer, die maximal 1,5 Kinder haben? Da es diese Kinderanzahl gar nicht gibt, ist die Antwort dieselbe wie bei der Kinderanzahl »1«, nämlich 60 %. Das heißt: Der Wert der Summenfunktion an der Stelle 1,5 ist identisch mit dem Wert an der Stelle 1.

Führen wir diese Betrachtung konsequent für alle möglichen Werte durch, wird schnell klar, wie die Summenfunktion letztlich auszusehen hat. Sie erhält die Form einer **Treppenfunktion** (siehe Abbildung 4.7).

Die Verdickungen an den »Stufenkanten« sollen deutlich machen, dass an diesen Stellen (also dort, wo tatsächlich Ausprägungen existieren) bereits der Funktionswert der höheren Stufe gilt.

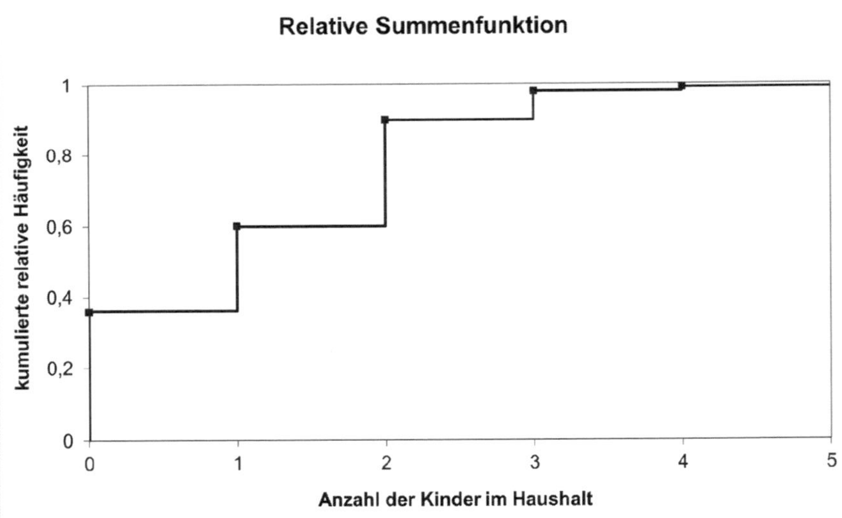

Abb. 4.7: Relative Summenfunktion des Merkmals »Kinderanzahl«

Bei der Konstruktion von relativen (bzw. absoluten) Summenkurven gilt es, einige Grundregeln zu beachten:

- Auf der Abszisse (x-Achse) werden die Merkmalsausprägungen abgetragen, auf der Ordinate (y-Achse) die relativen kumulierten Häufigkeiten.
- Die »Treppenstufen« verlaufen parallel zur Abszisse.
- An den Stellen mit konkreten Ausprägungen des Merkmals gibt es »Sprungstellen« (Stufen).
- Die Höhe der Sprungstellen entspricht der relativen (bzw. absoluten) Häufigkeit an der entsprechenden Stelle.

- Der Wert der Summenfunktion an den Sprungstellen hat bereits das höhere Niveau (liegt also auf der nächst höheren Stufe).
- Die Treppenhöhe nimmt sukzessive zu – beginnend beim Wert 0 bis zum Wert 1 (bzw. bis zur Anzahl der Beobachtungen).

Wie sieht eine Summenfunktion im Falle einer klassierten Häufigkeitsverteilung aus?

Im Fall der klassierten Häufigkeitsverteilung sind ja nur die Klassengrenzen, nicht aber die konkreten Ausprägungen bekannt. Man behilft sich – wie immer in der Statistik, wenn man nicht alle nötigen Informationen zur Verfügung hat – mit einer Näherungslösung. Im Allgemeinen spricht man dabei von **Approximation** und meint damit eine angenäherte Konstruktion oder auch Berechnung unbekannter oder nur kompliziert darstellbarer Größen, insbesondere bei unvollständigen Daten oder unter Verwendung vereinfachender Annahmen.

Falls also, wie hier, nur die Klassengrenzen bekannt sind, kann auch nur an diesen Stellen ein Funktionswert der Summenfunktion ermittelt werden.

Wir verwenden als Beispiel die klassierte Häufigkeitsverteilung der »Überstunden« und berechnen zu jeder Klasse Koordinatenpaare. Die Paare bestehen aus den Klassenobergrenzen als x-Koordinate und den kumulierten relativen Häufigkeiten als y-Koordinate (siehe Tabelle 4.9). Zusätzlich wird noch der Koordinatenpunkt (Untergrenze der ersten Klasse; 0) eingezeichnet. Alle Punkte werden dann geradlinig miteinander verbunden und fertig ist die (angenäherte) Summenkurve für eine klassierte Verteilung.

Geleistete Überstunden in 2015 (klassiert)	(rel.) Summenhäufigkeit	Klassenobergrenze	Koordinatenpaar für die (rel.) Summenkurve
0 bis 20	0,20	20	(20; 0,20)
20 bis 40	0,56	40	(40; 0,56)
40 bis 60	0,84	60	(60; 0,84)
60 bis 80	0,94	80	(80; 0,94)
80 bis 100	1	100	(100; 1)

Tab. 4.9: Bestimmung der Koordinaten für die relative Summenkurve des klassierten Merkmals »Überstunden«

Da wieder für den gesamten Zahlenbereich Funktionswerte angegeben werden, führt man den Funktionsverlauf korrekterweise auch für die Bereiche oberhalb der letzten Klassenobergrenze (also hier ab dem Wert 100) fort.

Abbildung 4.8 zeigt die daraus resultierende Summenfunktion.

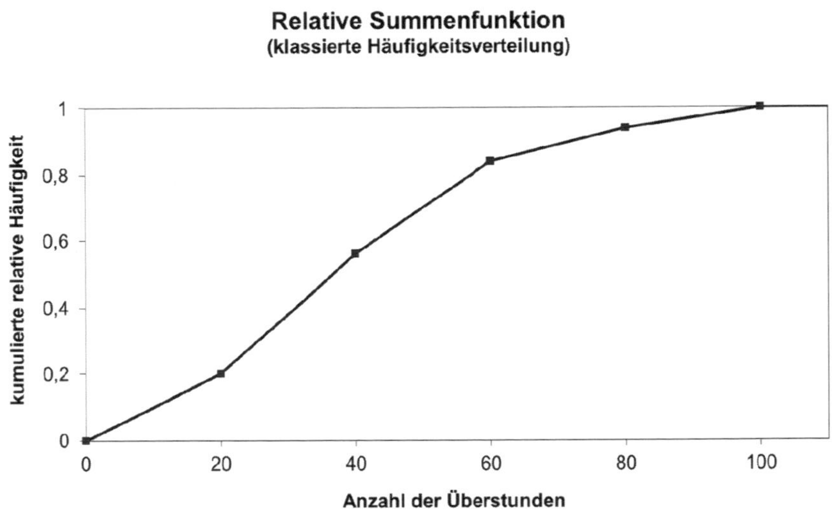

Abb. 4.8: Relative Summenkurve des klassierten Merkmals »Überstunden«

Derartige grafische Darstellungen, wie wir sie im Falle der Summenfunktion klassierter Häufigkeitsverteilungen vorfinden, werden gemeinhin als Polygone oder Polygonzüge bezeichnet. Ihnen ist gemein, dass sie geradlinig sukzessive miteinander verbundene Punkte aufweisen.

Liniendiagramme

Liniendiagramme finden meist bei der Darstellung zeitabhängiger Größen (sog. Zeitreihen) Anwendung. Was die Konstruktion anbelangt, entsprechen sie den Polygonen, wenngleich die Bezeichnung Polygon eher in Verbindung mit der Darstellung von Häufigkeitsverteilungen auftritt.

Sehen wir uns den zeitlichen Verlauf der vierteljährlichen Gesamtumsatzentwicklung in unserem Beispielunternehmen an. Die nachfolgenden Zahlen zum Quartalsumsatz der letzten zwei Jahre liegen uns vor (Tabelle 4.10). Abbildung 4.9 zeigt das entsprechende Liniendiagramm.

Betrachtungszeitpunkt	Gesamtumsatz (in Mio. €)
1. Quartal 2014	0,985
2. Quartal 2014	0,877
3. Quartal 2014	1,021
4. Quartal 2014	1,256
1. Quartal 2015	1,055
2. Quartal 2015	0,975
3. Quartal 2015	1,122
4. Quartal 2015	1,296

Tab. 4.10: Zeitreihe des Merkmals »Gesamtumsatz«

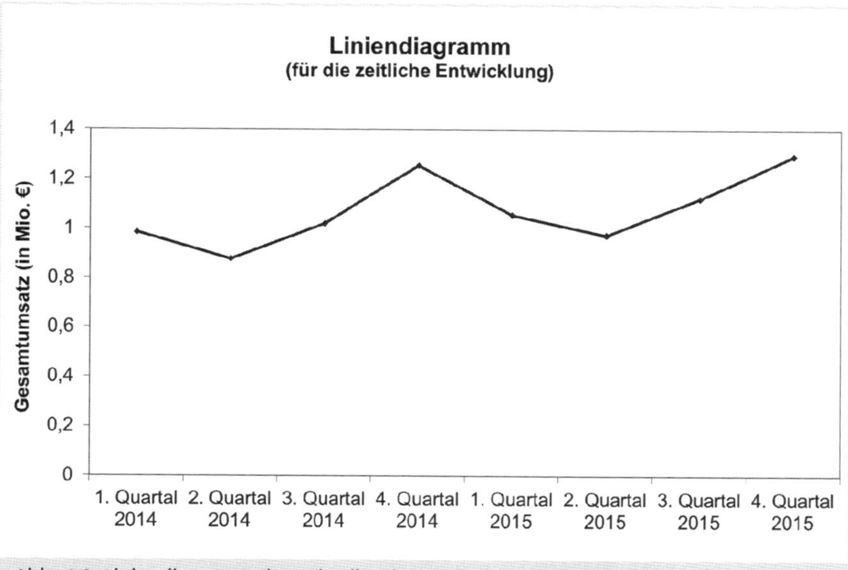

Abb. 4.9: Liniendiagramm der Zeitreihe des Merkmals »Gesamtumsatz«

Hier haben wir es nun nicht mehr mit der Darstellung einer empirischen Verteilung zu tun, sondern lediglich mit der Präsentation der zeitlichen Entwicklung eines Merkmals. Dafür bietet sich eine ganze Reihe weiterer Visualisierungsmöglichkeiten an.

Die Möglichkeiten, die einem gerade Excel bei der grafischen Darstellung von Informationen eröffnet, sind immens. So lassen sich Skalen dehnen oder verrücken, einfache Balken in dreidimensionale Säulen verwandeln, Flächen farbig gestalten oder detaillierte Texte hinzufügen.

Ich gebe zu, die Verlockung, seine Grafiken durch die Fülle an verfügbaren Gestaltungsmöglichkeiten »aufzupeppen«, ist groß. Dennoch ist an dieser Stelle ein wohlmeinender Tipp angebracht:

Praxistipp zum Präsentieren:

Vermeiden Sie es tunlichst, die grafischen Darstellungen statistischer Informationen mit unnötigen, vermeintlich anspruchsvolleren Formen zu versehen. Ein Informationsgewinn ist dadurch kaum zu erzielen, vielmehr wird der Betrachter vom wesentlichen Inhalt abgelenkt.

Lassen Sie aber auch keine wichtigen Informationen außen vor! Insbesondere sollten Sie stets die Achsen mit den entsprechenden Bezeichnungen versehen. Lassen Sie den Betrachter nicht im Unklaren darüber, welche Daten Sie in welcher Skalierung bzw. Größenordnung darstellen.

4.2 Häufigkeitsverteilung mehrerer Merkmale

Bislang haben wir die tabellarischen und grafischen Darstellungsmöglichkeiten *einzelner* Merkmale behandelt. In aller Regel haben wir es aber immer mit Daten zu tun, die auf *mehreren* Merkmalen beruhen. Die gemeinsame Betrachtung zumindest zweier Merkmale ist oftmals sinnvoll und im Hinblick auf die Erkenntnisgewinnung über die Datenstruktur sogar angebracht.

4.2.1 Zweidimensionale Häufigkeitsverteilung

Nehmen wir wieder unsere Kundenbefragung als Beispiel und gehen davon aus, dass wir neben dem Merkmal »Familienstand« auch das Merkmal »Geschlecht« erhoben haben. Um uns einen Überblick über die Daten beider Merkmale zusammen machen zu können, erstellen wir eine **gemeinsame Häufigkeitstabelle** (Tabelle 4.11).

Familienstand	**Geschlecht**		***Summe***
	männl.	**weibl.**	
ledig	11	9	*20*
verheiratet	15	10	*25*
geschieden	4	1	*5*
Summe	*30*	*20*	*50*

Tab. 4.11: Gemeinsame absolute Häufigkeitsverteilung der Merkmale »Familienstand« und »Geschlecht«

Die gemeinsame Häufigkeitsverteilung enthält im Innern für jede Kombination der Ausprägungen der beiden Merkmale die Anzahl der gezählten Personen. So sind z. B. zehn befragte Personen weiblich und verheiratet, zwölf männlich und ledig.

Die insgesamt sechs gemeinsamen absoluten (Zell-)Häufigkeiten können in relative Häufigkeiten umgerechnet werden, indem jede absolute Häufigkeit durch die Gesamtanzahl der Beobachtungen (hier: 50) dividiert wird. So beträgt z. B. der Anteil der verheirateten weiblichen Personen 20 % (10/50 = 0,20) und der der männlichen verheirateten Personen 30 % (15/50 = 0,30).

Familienstand	**Geschlecht**		***Summe***
	männl.	**weibl.**	
ledig	0,22	0,18	*0,40*
verheiratet	0,30	0,20	*0,50*
geschieden	0,08	0,02	*0,10*
Summe	*0,60*	*0,40*	*1*

Tab. 4.12: Gemeinsame relative Häufigkeitsverteilung der Merkmale »Familienstand« und »Geschlecht«

Neben bzw. unter den gemeinsamen Häufigkeiten stehen — am Rand der Tabellen — noch weitere Werte, die sich jeweils aus den Zeilen- bzw. Spaltensummen ergeben.

Betrachten wir z. B. in Tabelle 4.11 (Seite 59) nur die Zeile mit der Ausprägung »ledig« des Merkmals »Familienstand« und summieren die beiden Häufigkeiten in dieser Zeile (11 und 9) auf, erhalten wir als Zeilensumme den Wert 20. Dieser Wert besagt, dass in der Befragung 20 Personen als Familienstand »ledig« angegeben haben.

Für die weiteren Ausprägungen resultieren bei gleichem Vorgehen die Werte 25 und 5. Diese Werte kennen wir bereits; es sind die absoluten Häufigkeiten der eindimensionalen Häufigkeitstabelle des Merkmals »Familienstand« (siehe Tabelle 4.1, Seite 40).

Wir stellen also fest, dass sich an den Rändern der gemeinsamen Häufigkeitsverteilung die eindimensionalen Häufigkeitsverteilungen befinden. Man nennt sie deshalb auch **Randverteilungen**. Die Randverteilung für das Merkmal »Geschlecht« verrät uns, dass wir es unter den Befragten mit 60 % Männern und mit nur 40 % Frauen zu tun haben.

4.2.2 Bedingte Verteilung

Gemeinsame Häufigkeitstabellen scheinen auf den ersten Blick einfach zu lesen zu sein. Allerdings kann es durchaus auch passieren, dass man aus derartigen Daten falsche Schlüsse zieht.

Wir haben die Betrachtung des Merkmals »Familienstand« um eine zweite Dimension erweitert, indem wir zusätzlich ein weiteres Merkmal, das »Geschlecht«, betrachtet haben. Warum haben wir das gemacht? Nun, vielleicht hat uns interessiert, ob die Verteilung des Familienstandes bei Männern und Frauen Unterschiede aufweist.

Sehen wir z. B. die Anzahl (oder auch den Anteil) der ledigen Männer bzw. Frauen an. Die Werte sind mit 11 (= 22 %) bzw. 9 (= 18 %) deutlich verschieden. Wir könnten daraus schließen, dass Männer wohl eine stärkere Affinität für eine Ehe haben als Frauen. Berücksichtigen wir aber, dass wir ein Drittel mehr Männer in der Umfrage haben, relativiert sich dieser Vergleich. Zwar sind elf Männer verheiratet, das sind aber nur 36,6 % (= 11/30) aller Männer. Dagegen entsprechen die neun verheirateten Frauen 45 % (= 9/20) aller Frauen.

Ein sinnvoller Vergleich der Verteilungen des Merkmals »Familienstand« zwischen Männern und Frauen gelingt nur, wenn wir uns seine Verteilung in den beiden Teilgesamtheiten (Männer bzw. Frauen) einzeln ansehen.

Wir erhalten so die **bedingten Häufigkeiten** bzw. die bedingten Verteilungen des Merkmals »Familienstand«. Indem wir die Verteilung des Familienstandes nur innerhalb der Männer betrachten, setzen wir die Bedingung »Geschlecht = männlich«. Gleiches gilt für die Teilgesamtheit der Frauen.

Letztlich erhalten wir also zwei eindimensionale Häufigkeitsverteilungen, die wir wiederum grafisch mit Säulendiagrammen vergleichen können.

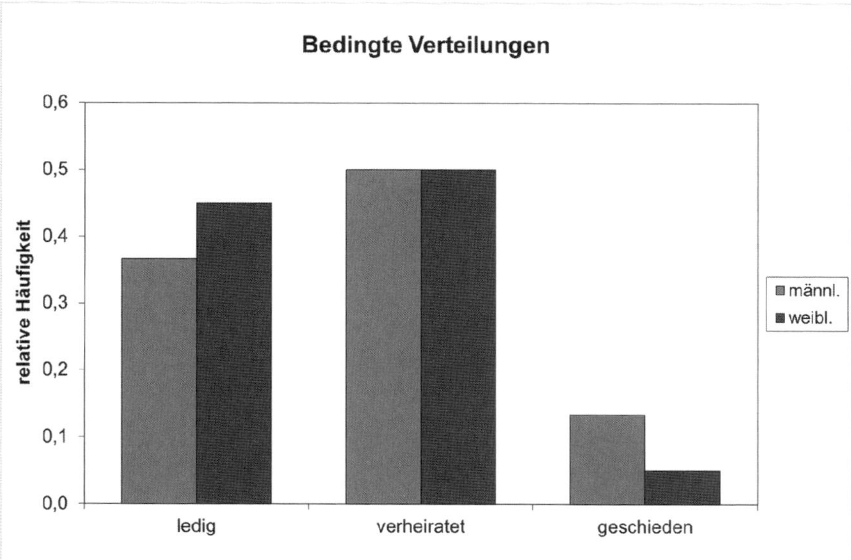

Abb. 4.10: Bedingte Verteilungen des Merkmals »Familienstand«

Möchte man seine Auswertungen mit bedingten Häufigkeiten inhaltlich verfeinern, ist bei der Interpretation der Werte Vorsicht geboten. Oftmals werden die Zahlen bedingter Häufigkeiten »falsch herum« gedeutet.

Wenn wir wie hier als Bedingung das Merkmal »Geschlecht« setzen und folglich die bedingte Häufigkeit des Merkmals »Familienstand« angeben, ist diese Reihenfolge auch bei der Interpretation der Häufigkeiten zu beachten.

Richtig ist, dass sich sowohl unter den Frauen als auch unter den Männern 50 % Verheiratete befinden. Es wäre hingen falsch, zu behaupten, unter den Verheirateten sei der Anteil der Frauen und Männer mit jeweils 50 % gleich groß! Wie man leicht nachrechnen kann, beträgt unter den Verheirateten das Verhältnis zwischen Männern und Frauen 60 : 40.

Praxistipp zum Präsentieren:

Vermeiden Sie bei tabellarischen Darstellungen mehr als drei Dimensionen, sprich: Merkmale.

Beschränken Sie sich in der Tabelle auf nur eine Häufigkeitsart. Stellen Sie entweder nur absolute Häufigkeiten oder nur relative Häufigkeiten in den Zellen dar.

Es muss bei den relativen Häufigkeiten auch erkennbar sein, ob es sich um gemeinsame oder bedingte (Zeilen- oder Spalten-) Häufigkeiten handelt.

4.2.3 Grafische Darstellung zweier metrischer Merkmale

Eine einfache Möglichkeit, die gemeinsame Verteilung zweier metrisch skalierter Merkmale in einer Grafik darzustellen, bietet das **Streudiagramm**.

Beim Streudiagramm werden in einem Koordinatensystem die Werte des einen Merkmals auf der Abszisse (x-Achse) und die Werte des anderen Merkmals auf der Ordinate (y-Achse) abgetragen. Jedes Paar der Beobachtungswerte erscheint als ein Punkt im Diagramm.

Ein kleines Beispiel für ein Streudiagramm zeigt Abbildung 4.11 (Seite 63). Hier wurden zum Alter der 50 Produktionsmitarbeiter die zugehörigen Bruttomonatsgehälter abgetragen.

Die Punkte stehen jeweils für eine Kombination der Merkmalsausprägungen. Wir erkennen hier bereits einen gewissen Zusammenhang zwischen den Merkmalen: Höhere Einkommen werden eher im höheren Alter erzielt. Geringere Einkommen sind dagegen vermehrt bei den jüngeren Mitarbeitern zu verzeichnen.

Für eine tiefer gehende Analyse des statistischen Zusammenhangs bilden Streudiagramme einen ersten — im wahrsten Sinnen des Wortes — richtungweisenden Überblick.

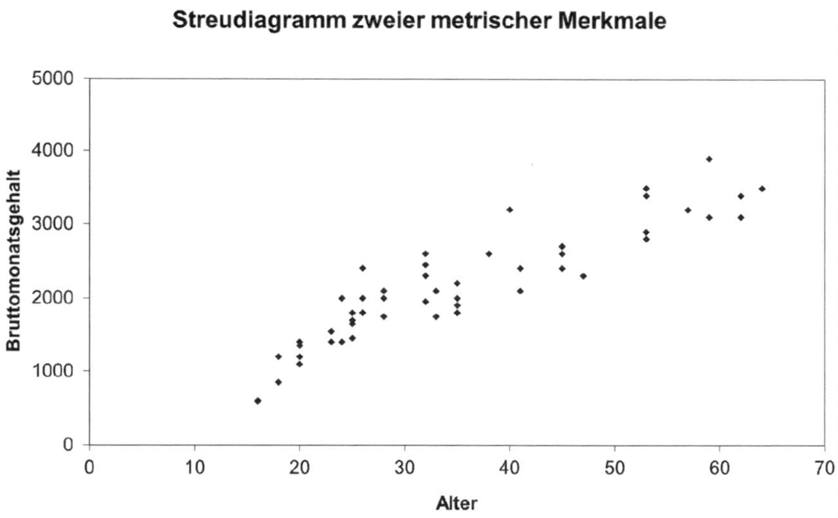

Abb. 4.11: Streudiagramm der beiden metrischen Merkmale »Bruttomonatsgehalt« und »Alter«

Praxistipp zum Präsentieren:

Achten Sie bei Streudiagrammen immer auf das Skalenniveau der dargestellten Merkmale. Ordinale oder nur mit Zahlen codierte Merkmale eignen sich hier nicht so gut!

! **Zusammenfassung:**

In diesem Kapitel haben wir vieles über die Möglichkeiten erfahren, die im Rahmen der beschreibenden Statistik dazu benutzt werden können, eine Datenmenge auf schnelle und einfache Weise in eine übersichtliche Struktur zu bringen. Oberste Maxime dabei ist es, die Vielzahl an Daten, die nach einer Erhebung vorliegen, aufzubereiten und zu verdichten, um die »wesentlichen« Informationen »auf einen Blick« zu erhalten.

Eine Möglichkeit bietet hierbei die tabellarische Aufbereitung. Sie erfolgt mithilfe von Häufigkeitstabellen. Wir haben in diesem Zusammenhang absolute, relative, bedingte, Summen- und Randhäufigkeiten kennen- und unterscheiden gelernt.

Eine weitere eindrucksvolle Möglichkeit, sich einen Überblick über die Datenfülle zu verschaffen, eröffnen die zahlreichen grafischen Darstellungsformen von Häufigkeitsverteilungen. Die wichtigsten und am häufigsten verwendeten Darstellungen für die verschiedenen Merkmalstypen haben wir behandelt.

5 So beschreiben Sie statistische Daten durch Kennzahlen

Hier erfahren Sie ...

!

- ... welche Kennzahlen eine Verteilung prägen.
- ... welche Lage- und Streuungskennzahlen es gibt.
- ... was Quantile sind.
- ... was es mit der Konzentration auf sich hat.
- ... was den Zusammenhang zwischen Merkmalen erfasst.
- ... was Verhältnis- und Indexzahlen sind.

Wie wir gesehen haben, können wir die Aufbereitung des Datenmaterials mit Tabellen und Grafiken anschaulich aufbereiten. Dabei ist es unser Ziel, einen Überblick über die Daten zu erhalten. Durch die Verdichtung der Daten reduzieren wir bewusst die Informationsfülle zugunsten der Anschaulichkeit. Nicht mehr die einzelnen Beobachtungswerte der Merkmale, sondern die Verteilung der Merkmale über die einzelnen Merkmalsträger steht im Vordergrund unseres Interesses.

Einen Schritt weiter in Richtung Verdichtung der Daten geht man, wenn man aus der Menge der statistisch erhobenen Merkmalsausprägungen charakteristische **Kennzahlen** (Maßzahlen, Parameter) ermittelt. Sie dienen in der Regel der weiteren Beschreibung der Häufigkeitsverteilung eines oder mehrerer Merkmale, indem sie die Strukturen der Verteilung weiter verdeutlichen, Besonderheiten hervorheben und Vergleiche mit anderen Verteilungen ermöglichen. Verschiedene Kennzahlen charakterisieren im Grunde verschiedene Eigenschaften von Verteilungen.

5.1 Kennzahlen der Lage einer Verteilung

Wird von Lageparametern gesprochen, meint man meistens einfach **Mittelwerte**. Sie charakterisieren die allgemeine Niveaulage der Verteilung, mit anderen Worten: die Mitte, das Zentrum oder den Schwerpunkt einer Häufigkeitsverteilung. Damit repräsentieren sie alle Merkmalsausprägungen und ermöglichen auf einfache Weise den Vergleich mit anderen Verteilungen. Allerdings gibt es — je nach Art der vorliegenden Daten — verschiedene Ansätze für solche Lagemaße.

5.1.1 Arithmetisches und geometrisches Mittel

Das arithmetische Mittel

Ist vom Mittelwert eines Merkmals die Rede, meint man damit meistens das sog. **arithmetische Mittel** (oder den Durchschnitt).

Jeder kann mit Begriffen wie der Durchschnittsnote bei schulischen Leistungen, dem Durchschnittsalter oder dem Durchschnittseinkommen einer bestimmten Personengruppe oder dem durchschnittlichen Benzinverbrauch eines Autos etwas anfangen.

Die Berechnung dieser Werte erfolgt immer auf dieselbe Weise: Die Summe aller vorliegenden Werte des Merkmals wird durch die Anzahl der aufsummierten Werte geteilt.

An dieser Stelle werden wir erstmals mit einer (einfachen) Formel konfrontiert. Der Mittelwert wird in der Statistik überwiegend mit $\overline{x}$ (gesprochen: »x quer«) bezeichnet. Wir erhalten ihn über die folgende Formel:

$$\overline{x} = \frac{1}{n}\sum_{i=1}^{n} x_i = \frac{1}{n}(x_1 + x_2 + \ldots + x_n)$$

Geeignet (und sinnvoll) ist der Mittelwert allerdings nur für metrische Merkmale. Ein solches Merkmal ist z. B. das Alter von Personen. Für die 50 (= n) Personen unserer Umfrage kennen wir das Alter. Durch Aufsummieren aller 50 Werte erhalten wir das Gesamtalter. Dividieren wir das Gesamtalter durch 50, erhalten wir das Durchschnittsalter der 50 Personen unserer Umfrage: 35,1 Jahre.

Wir können den Mittelwert aller einzelnen Werte sogar dann berechnen, wenn uns die Einzelwerte selbst *nicht* vorliegen. Es genügt, die Werte in aufbereiteter Form, also in Form einer Häufigkeitstabelle zu kennen. Um hieraus den Mittelwert zu berechnen, müssen wir nur jede vorkommende Ausprägung mit ihrer absoluten Häufigkeit multiplizieren und alle so erhaltenen Produkte aufsummieren. Diese Summe haben wir dann wiederum durch die Anzahl aller Beobachtungen zu teilen. Die Formel sieht nun etwas anders aus:

$$\overline{x} = \frac{1}{n}\sum_{j=1}^{k} x_j \cdot h_j = \frac{1}{n}(x_1 \cdot h_1 + x_2 \cdot h_2 + \ldots + x_k \cdot h_k)$$

Wie ist sie zu lesen? Die Bezeichnungen x_1 bis x_k stehen für die k unterschiedlichen Merkmalsausprägungen mit den zugehörigen absoluten Häufigkeiten h_1 bis h_k.

Beim Altersbeispiel können wir die absolute Häufigkeitstabelle zur Hand nehmen und jede Altersausprägung zunächst mit ihrer absoluten Häufigkeit multiplizieren. Da das Produkt dieser Multiplikation dem Gesamtalter entspricht, erhalten wir, wenn wir es durch 50 teilen, wieder das oben berechnete Durchschnittsalter.

Für den Fall, dass wir nicht die absoluten, sondern gleich die relativen Häufigkeiten zu den verschiedenen Merkmalswerten angegeben haben, vereinfacht sich die Formel zur Berechnung des Durchschnittswertes auf

$$\overline{x} = \sum_{j=1}^{k} x_j \cdot h_j^*$$

wobei mit h_j^* die relative Häufigkeit für die Ausprägung j, also h_j / n, bezeichnet wird.

Bislang konnten wir den Mittelwert exakt berechnen, weil uns alle Einzelwerte bzw. die Häufigkeitsverteilung bekannt waren. Nun stellt sich die Frage: Wie können wir einen Durchschnittswert angeben, wenn uns z. B. nur eine klassierte Häufigkeitsverteilung vorliegt?

Wir erinnern uns: Wir haben die 50 Alterswerte in Klassen eingeteilt und als klassierte Häufigkeitstabelle angegeben. Unterstellen wir nun, wir würden die Einzelwerte selber nicht kennen. Könnten wir dann trotzdem den Altersdurchschnitt berechnen?

Falls die einzelnen Altersmittelwerte in den Klassen bekannt sind, lässt sich der Gesamtmittelwert einfach angeben. Hierzu müssten wir in der Formel von oben nur anstelle von x_j die **Klassenmittelwerte** einsetzen. Jeweils multipliziert mit den absoluten Häufigkeiten, aufsummiert und durch die Gesamtzahl dividiert, erhalten wir erneut den exakten Durchschnittswert. Der interessierte Leser möge dies anhand der vorliegenden Daten selbst nachrechnen.

Problematisch wird es aber dann, wenn uns nur die klassierte Häufigkeitstabelle vorliegt und wir keinerlei Kenntnis über die Klassenmittelwerte haben. Hier taucht nun wieder der Begriff der Näherungslösung auf. Wir müssen aufgrund fehlender Informationen approximieren, also auf der Grundlage der vorliegenden Informationen versuchen, einen möglichst »guten« Mittelwert zu bestimmen.

Um diesen angeben zu können, benötigen wir zu jeder Klasse zumindest einen repräsentativen Alterswert, den wir anstelle des unbekannten Klassenmittelwertes einsetzen können. Am einfachsten ist es, wenn wir hierfür jeweils die **Klassenmitte** nehmen.

Setzten wir die Klassenmitte anstelle der x_j in die Formel von oben ein, erhalten wir einen Schätzwert für das Durchschnittsalter der 50 Personen.

Wie gut dieser »Schätzwert« am tatsächlichen Durchschnittsalter dran liegt, hängt davon ab, wie weit die Klassenmittelwerte von der Klassenmitte entfernt sind. Würde uns in jeder Altersklasse eine symmetrische Altersverteilung vorliegen, wären der Klassenmittelwert und die Klassenmitte identisch. Die Folge wäre, dass unsere Schätzung den wahren Wert exakt treffen würde. Aber wie sieht es nun in unserem Beispiel aus?

Die folgende Tabelle liefert für die Altersklassen neben den absoluten Häufigkeiten die Klassenmittelwerte und die Klassenmitten:

Alter (gruppiert)	Absolute Häufigkeit	Klassenmitte	Klassen-mittelwert
16 bis 18 J.	4	17,0	17,0
über 18 bis 25 J.	12	21,5	22,8
über 25 bis 40 J.	18	32,5	31,9
über 40 bis 55 J.	10	47,5	47,6
über 55 bis 65 J.	6	60,0	60,5

Tab. 5.1: Klassenmitte und Klassenmittelwerte des gruppierten Merkmals »Alter«

Der über die Klassenmitten berechnete, angenäherte Gesamtmittelwert beträgt 34,9 Jahre. Damit liegt er sehr nahe am wahren Wert von 35,1 Jahren.

Das geometrische Mittel

Anstelle des arithmetischen Mittels, das sich — wie wir oben gesehen haben — durch Addition der Einzelwerte (und anschließender Division durch n) ergibt, ist in einigen Fällen das sog. **geometrische Mittel** vorzuziehen. Das ist immer dann der Fall, wenn der Unterschied zwischen den Merkmalswerten durch das Verhältnis und nicht durch die Differenz charakterisiert wird.

Beim Alter ist es sinnvoll Altersunterschiede durch die Differenz der Alterswerte anzugeben: Person A ist 47 Jahre alt, Person B 53 und damit um 5 Jahre älter als Person A. Um Unterschiede bei sog. **Wachstumswerten**, also z. B. Wachstumsfaktoren oder Wachstumsraten, anzugeben, ergeben indes Differenzen keinen sachlogischen Sinn. Hier eignen sich Verhältnisse wesentlich besser.

Zur Verdeutlichung des geometrischen Mittels verwenden wir ein Beispiel mit solchen Wachstumswerten: Wir nehmen die zeitliche Entwicklung der Umsatzzahlen, wie wir sie in Tabelle 4.10 (Seite 57) bzw. in Abbildung 4.9 (Seite 57) vorfinden. Der Gesamtumsatz im Jahr 2014 ist die Summe der vier Quartalsumsatzzahlen. Er betrug 4,139 Mio. €. 2015 erreichte das Unternehmen einen Gesamtumsatz in Höhe von 4,448 Mio. €. Der absolute Zuwachs (bzw. das absolute Wachstum) betrug damit $4{,}448 - 4{,}139 = 0{,}309$ Mio. €, der Wachstumsfaktor dagegen $4{,}448 : 4{,}139 = 1{,}075$. Zieht man vom Wachstumsfaktor die Zahl 1 ab, erhält man die Wachstumsrate ($1{,}075 - 1 =$

0,075). Die Wachstumsrate gibt das relative Wachstum an. Sie besagt hier, dass der Umsatz vom Jahr 2014 zum Jahr 2015 um 7,5 % gestiegen ist.

Lassen Sie uns das Beispiel zeitlich etwas ausdehnen. Uns liegen die Jahresumsätze der letzten fünf Jahre vor. Die jährlichen Wachstumsfaktoren bzw. Wachstumsraten lassen sich einfach bestimmen (siehe Tabelle 5.2).

Jahr	Umsatz (in Mio. €)	Absolutes Wachstum (in Mio. €)	Wachstums-faktor	Wachstums-rate
2011	3,496			
2012	3,578	0,082	1,023	2,3%
2013	3,875	0,297	1,083	8,3%
2014	4,139	0,264	1,068	6,8%
2015	4,448	0,309	1,075	7,5%

Tab. 5.2: Zeitliche Entwicklung und Wachstum des Merkmals »Umsatz«

Was lässt sich über die durchschnittliche zeitliche Entwicklung des Umsatzes aussagen? Anders gefragt: Um wie viel Prozent ist der Umsatz in den letzten vier Jahren »im Schnitt« gestiegen?

Zur Beantwortung dieser Frage könnten wir die Wachstumsfaktoren heranziehen und aus ihnen das arithmetische Mittel berechnen. Wir bekämen dann einen mittleren Wachstumsfaktor von 1,06225, also eine durchschnittliche jährliche Steigerung von 6,225 %. Aber ist das tatsächlich die korrekte durchschnittliche Wachstumsrate?

Wir überprüfen das, indem wir eine Steigerung um 6,225 % für jedes Jahr von 2011 bis 2015 zu Grunde legen. Am Ende müssten wir den Umsatz des Jahres 2015 erhalten.

Ausgehend vom Umsatz des Jahres 2011 von 3,496 Mio. € ergibt sich nach vier Jahren (also im Jahr 2015) ein Umsatz von $3{,}496 \times 1{,}06225^4 = 4{,}451$ Mio. €.

2011	2012	2013	2014	2015
3,496	3,714	3,945	4,190	**4,451**

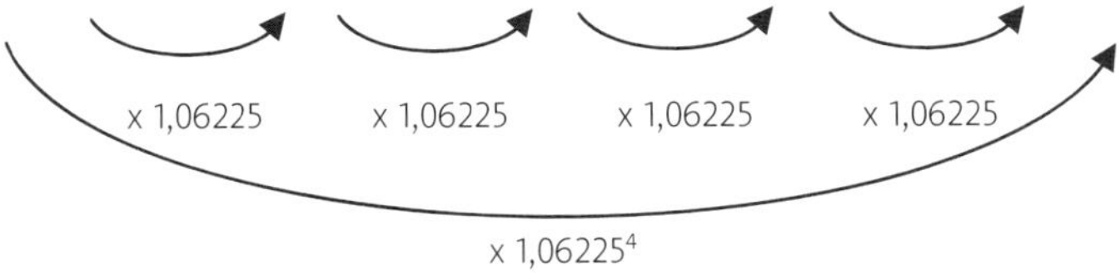

Tatsächlich liegt der Umsatzwert 2015 aber bei 4,448 Mio. €. Der ermittelte »durchschnittliche Wachstumsfaktor« von 1,06225 kann also nicht der korrekte Durchschnittswert sein.

Um den korrekten Durchschnittswert herauszufinden, müssen wir uns überlegen, mit welchem Wert wir den jährlichen Umsatz zu multiplizieren haben, damit am Ende ein Wert von 4,448 Mio. € herauskommt. Wir suchen also den Faktor g, für den gilt: $3{,}496 \cdot g^4 = 4{,}448$.

Durch Umformung erhalten wir den gesuchten Wert für g:

$$g = \sqrt[4]{\frac{4{,}448}{3{,}496}} = \sqrt[4]{1{,}272} = 1{,}06206.$$

Der durchschnittliche Wachstumsfaktor beträgt also in Wahrheit 1,06206, d. h.: Der Umsatz ist von 2011 bis 2015 jährlich »im Schnitt« um 6,206 % gestiegen.

Den durchschnittlichen Wachstumsfaktor erhalten wir aber auch, wenn wir die jährlichen Faktoren heranziehen. Nur dürfen wir die jährlichen Faktoren nun nicht (wie beim arithmetischen Mittel) *additiv* verknüpfen; wir müssen sie *multiplizieren*. Für das geometrische Mittel gilt die folgende Berechnungslogik:

$$g = \sqrt[4]{1{,}023 \cdot 1{,}083 \cdot 1{,}068 \cdot 1{,}075} = \sqrt[4]{1{,}272} = 1{,}06206.$$

Achtung:

Haben wir es mit Wachstumsgrößen zu tun, die sich aus dem Verhältnis zweier Größen ergeben, und wollen hierfür den Mittelwert angeben, führt das arithmetische Mittel zum falschen Ergebnis. Hier ist das geometrische Mittel zu verwenden.

5.1.2 Median und Modus

Der Median

Das arithmetische (und auch das geometrische) Mittel ist nur bei metrisch skalierten Merkmalen sinnvoll anwendbar. Ein anderer Mittelwert, der nur mindestens ordinal skalierte Merkmale voraussetzt, ist der **Median** (auch Zentralwert genannt).

Der Median kennzeichnet das Zentrum einer Verteilung. Er ist der Wert, der bei einer der Größe nach geordneten Reihe aller Beobachtungswerte genau in der Mitte liegt. Er trennt die unteren 50 % der Merkmalswerte von den oberen 50 %. Hierbei ist aber zu unterscheiden, ob die Anzahl der Beobachtungswerte ungerade oder gerade ist.

Betrachten wir zunächst ein Beispiel zur erstgenannten Möglichkeit einer ungeraden Anzahl an Beobachtungswerten.

Bei einem Eignungstest zur Besetzung einer offenen Stelle wurden die folgenden Punktezahlen von den insgesamt sieben Bewerbern erzielt.

Nr.	1	2	3	4	5	6	7
Punkte	40	53	49	55	52	46	37

Der Median ist in diesem Fall jener tatsächlich vorkommende Wert in der aufsteigend geordneten Reihe der Beobachtungswerte, der genau in der Mitte liegt.

Wenn wir die Punktezahlen der Größe nach ordnen, identifizieren wir den Median als den Beobachtungswert mit der Punktezahl 49.

Nr.	7	1	6	3	5	2	4
Punkte	37	40	46	**49**	52	53	55

Drei Werte sind hier kleiner, drei Werte größer als der Median. Der Median liegt also genau in der Mitte.

Was aber passiert, wenn uns eine gerade Anzahl an Beobachtungswerten vorliegt?

Dann gibt es keinen tatsächlichen Wert, der genau in der Mitte liegt. In solchen Fällen wird aus den beiden mittleren Nachbarwerten das arithmetische Mittel berechnet. Dieser Wert (der in der Regel als Beobachtungswert selbst gar nicht existiert) ist dann der Median. Anzumerken ist, dass diese Mittelung selbstverständlich nur bei metrischen Daten durchführbar ist. Haben wir ein ordinales Merkmal mit nicht zahlenmäßigen Ausprägungen müssen wir uns beim Median für einen der beiden Nachbarwerte entscheiden.

Setzen wir aber zunächst unser Beispiel von oben fort: Ein achter Bewerber hat die Prüfung unentschuldigt versäumt. Deshalb wird seine Punktezahl mit 0 festgesetzt. Insgesamt haben wir dann die folgende, der Größe nach geordnete Reihe an Punktezahlen:

Nr.	8	7	1	6	3	5	2	4
Punkte	0	37	40	**46**	**49**	52	53	55

Aus den beiden benachbarten Werten in der Mitte (46 und 49) wird der Mittelwert berechnet: (46 + 49) : 2 = 47,5. Das ist der Median.

An diesem Beispiel erkennt man auch eine Eigenschaft, die den Median im Gegensatz zum arithmetischen Mittel auszeichnet: Seine Unempfindlichkeit gegenüber Ausreißerwerten.

Der zusätzlich in die Reihe aufgenommene Punktewert 0 ist offensichtlich ein »Ausreißer«, weil er von allen anderen Punktewerten »weit entfernt« liegt. Für den Wert des Medians spielt es jedoch keine Rolle, welches Ausmaß der kleinste (oder auch der größte) Wert in der Reihe der Beobachtungswerte annimmt, er verändert sich dadurch nicht.

Zum Vergleich: Durch die Hinzunahme des Punktewertes 0 hat sich der Median nur unmerklich verschoben (nur aufgrund der Erhöhung der Anzahl der Beobachtungen von sieben auf acht). Das arithmetische Mittel indes, das bei den sieben ursprünglichen Punktewerten bei 47,4 lag, wurde durch den Ausreißer erheblich verringert, und zwar auf 41,5.

> **!** **Achtung: Bestimmung des Medians**
>
> **In die Berechnung des Medians gehen die Ausprägungen der Merkmalswerte selbst nicht mit ein! Deshalb ist der Median auch unempfindlich gegenüber Ausreißern!**

Im Falle einer klassierten Häufigkeitsverteilung ist es zumindest möglich, die sog. **mediale Klasse** zu bestimmen, also diejenige Klasse, die den Median enthält. Das möchten wir anhand des Beispiels der klassierten Altersverteilung, das wir schon in Kapitel 4 verwendet haben, kurz illustrieren.

Wir kennen lediglich die Besetzungszahlen, also die absoluten Häufigkeiten der Beobachtungswerte in den einzelnen Altersklassen, nicht aber die Werte selbst. Deshalb ist eine eindeutige Berechnung des Medians nicht möglich. Möglich ist aber die Angabe der medialen Klasse.

Insgesamt existieren 50 Beobachtungswerte. Der Median wird der Wert sein, der die 25 kleinsten von den 25 größten Werten trennt. In der »kleinsten« Altersklasse »16 bis 18 J.« liegen nur vier Werte, in der nächsten Klasse weitere zwölf. Der 25. und der 26. Beobachtungswert, die für die Berechnung des Medians heranzuziehen wären, liegen in der Klasse »über 25 bis 40 J.«. Sie gilt folglich als die mediale Klasse.

Es bleibt nun noch eine Frage offen: Gibt es eine Art »Mittelwert« auch im Falle eines nominal skalierten Merkmals?

In der Tat lässt sich auch für Merkmale, die sich lediglich unterscheiden lassen, ein »Wert« angeben, der das Zentrum oder den Schwerpunkt der Verteilung zum Ausdruck bringt; wobei die Bezeichnung »Wert« hier nicht unbedingt auf einen Zahlenwert hindeutet.

Der Modus

Der sog. Modalwert, oder kurz **Modus**, ist einfach die Merkmalsausprägung, die bei einer Häufigkeitsverteilung am häufigsten auftritt. Hier geht es also einzig um die Anzahl der Beobachtungswerte der einzelnen Ausprägungen.

Unter den drei Ausprägungen des Merkmals »Familienstand« ist »verheiratet« mit einer absoluten Häufigkeit von 25 Personen der häufigste »Wert« und demnach der Modus dieser Verteilung (siehe Tabelle 4.1, Seite 40).

Analog zum Median lässt sich auch der Modalwert beim Vorliegen einer klassierten Verteilung bestimmen. Die so ermittelte häufigste Klasse wird dann als **modale Klasse** bezeichnet.

Es können auch Fälle auftreten, bei denen es mehrere Modi gibt oder auch keinen. Kommen mehrere Merkmalsausprägungen »gleich häufig am häufigsten« vor, haben wir mehrere Modi. Im Falle eine Gleichverteilung (alle Werte kommen gleich häufig vor) existiert dagegen kein Modus.

Praxistipp zum Präsentieren:

Kennzahlen (insbesondere Kennzahlen der Lage) sollten Sie ergänzend zu grafischen oder tabellarischen Darstellungen von Häufigkeitsverteilungen immer mit anführen, weil sie als Stellvertreter der jeweiligen Datenmenge stehen.

Achten Sie aber immer darauf, das »richtige« Lagemaß zu verwenden. Die Zulässigkeit eines Lagemaßes hängt vom Skalenniveau Ihrer Daten ab.

5.2 Kennzahlen der Streuung einer Verteilung

Wir haben uns bislang mit Kennzahlen beschäftigt, die ausschließlich die Lage einer Häufigkeitsverteilung beschreiben. Nun ist ein Mittelwert aber bei weitem nicht die einzige Kennzahl, mit der Verteilungen charakterisiert und vergleichbar gemacht werden können. Sehen wir uns hierzu die folgenden Beispielwerte an. Zu drei metrischen Merkmalen liegen die folgenden Häufigkeitsverteilungen vor:

Merkmal A							
Ausprägung	8	9	10	11	12	13	14
abs. Häufigkeit	0	2	7	10	7	2	0

Merkmal B							
Ausprägung	8	9	10	11	12	13	14
abs. Häufigkeit	4	4	4	4	4	4	4

Merkmal C							
Ausprägung	8	9	10	11	12	13	14
abs. Häufigkeit	10	3	1	0	1	3	10

Das arithmetische Mittel beträgt zwar bei allen drei Verteilungen 11, dennoch fällt die unterschiedliche Verteilung der Werte um diesen Mittelwert herum auf (siehe Abbildung 5.1).

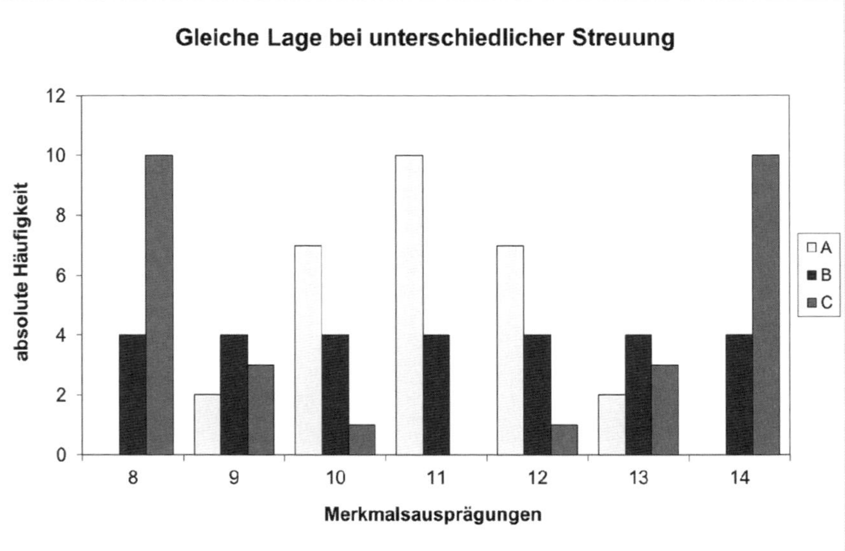

Abb. 5.1: Häufigkeitsverteilungen mit gleicher Lage und unterschiedlicher Streuung

Kennzahlen, die zum Ausdruck bringen, wie sehr die Beobachtungswerte im Wertebereich »streuen«, nennt man **Streuungsmaße**. Sie kennzeichnen die Variabilität der Verteilung und können auf unterschiedliche Arten berechnet werden.

Die denkbar einfachste Messung der Variationsbreite einer Verteilung ist durch die **Spannweite** gegeben. Sie ergibt sich aus der Differenz zwischen dem größten und dem kleinsten Beobachtungswert.

Für die oben abgebildeten Beispielverteilungen ergeben sich als Spannweiten für Merkmal A $13 - 9 = 4$ und für die Merkmale B und C jeweils $14 - 8 = 6$.

Man erkennt sofort, dass diese Maßzahl keine befriedigende Variabilitätskennzahl ist. Alle zwischen den Extremwerten liegenden Beobachtungswerte bleiben unberücksichtigt.

Aussagekräftigere, die Streuung aller Beobachtungswerte berücksichtigende Maße, sind jene, die für ihre Berechnung die Abweichungen der Merkmalswerte von einem Bezugspunkt (im Allgemeinen dem Lageparameter) zu Grunde legen. Die wichtigsten dieser Maße sehen wir uns im Folgenden näher an.

5.2.1 Varianz und Standardabweichung

Die **Varianz** bzw. ihre Quadratwurzel, die **Standardabweichung**, ist eine der wichtigsten Kennzahlen in der Statistik und wohl das gebräuchlichste Streuungsmaß eines metrisch skalierten Merkmals.

Bei ihr findet der Abstand der einzelnen Beobachtungswerte vom arithmetischen Mittel Berücksichtigung. Diese Abstände werden jedoch einzeln quadriert, aufsummiert und durch die Anzahl der Beobachtungswerte dividiert. Demnach ist die Varianz nichts anderes als die mittlere quadrierte Abweichung aller Messwerte vom arithmetischen Mittel.

Bezeichnen wir das arithmetische Mittel wieder mit $\overline{x}$, dann erhalten wir die Varianz gemäß der folgenden Formel:

$$s^2 = \frac{1}{n}\sum_{i=1}^{n}(x_i - \overline{x})^2$$

Diese Formel erscheint auf den ersten Blick etwas komplex. Wir wollen für die Beispielverteilung A die Berechnung der Varianz anhand dieser Formel schrittweise nachvollziehen:

Die Abweichungen vom Mittelwert $\overline{x} = 11$ werden für jeden der insgesamt $n = 28$ Beobachtungswerte x_i ($i = 1, \ldots, 28$) berechnet mit $x_i - \overline{x}$. Man erkennt, dass sich für Werte, die kleiner als das arithmetische Mittel sind, negative und für Werte, die größer als das arithmetische Mittel sind, positive Abweichungen ergeben.

Um zu verhindern, dass sich die positiven und die negativen Abweichungen bei der Mittelwertbildung gegenseitig aufheben, werden die Abweichungen quadriert. Der Mittelwert aus den quadrierten Abweichungen ist dann die Varianz.

Ausprägung	8	9	10	11	12	13	14
abs. Häufigkeit	0	2	7	10	7	2	0
$x_i - \overline{x}$	–3	–2	–1	0	1	2	3
$(x_i - \overline{x})^2$	9	4	1	0	1	4	9

Man beachte, dass uns hier nur wenige verschiedene Ausprägungen (8, 9, 10, …, 14) mit unterschiedlicher Häufigkeit vorliegen. Wir können deshalb – ähnlich wie beim arithmetischen Mittel – die absoluten Häufigkeiten in der Formel berücksichtigen. Sie lautet dann:

$$s^2 = \frac{1}{n}\sum_{j=1}^{k}(x_j - \overline{x})^2 \cdot h_j$$

Als Ergebnis erhalten wir für die Varianz des Merkmals A einen Wert von 1,07. Für die Verteilungen B bzw. C erhalten wir die Varianzen 4 bzw. 7,36.

Da die Maßeinheit der Varianz das Quadrat der Maßeinheit des zu Grunde liegenden Merkmals ist (also z. B. »cm²« oder »Jahre²«), lässt sie sich für sich genommen nicht sinnvoll interpretieren. Aus diesem Grund wird als Streuungsmaß auf die (positive) Quadratwurzel der Varianz zurückgegriffen, die Standardabweichung:

$$s = \sqrt[+]{s^2}$$

Bei der Standardabweichung gilt wieder dieselbe Maßeinheit wie bei dem zu Grunde liegenden Merkmal. Für die Beispielverteilung A ergibt sich eine Standardabweichung von 1,03, die wie folgt interpretiert werden kann: *Die durchschnittliche Abweichung der Merkmalswerte vom arithmetischen Mittel beträgt 1,03.*

5.2.2 Variationskoeffizient

Zwar ist die Standardabweichung (bzw. die Varianz) die am häufigsten verwendete Streuungskennzahl. Wenn es um den Streuungsvergleich von Verteilungen geht, ist sie aber nur begrenzt geeignet.

Bei (annähernd) identischer Lage können Standardabweichungen sinnvoll verglichen werden. Wie sieht es aber beim Streuungsvergleich von Verteilungen aus, deren Mittelwerte – und damit deren Lagen – deutlich differieren?

Eine durchschnittliche Streuung von 10 ist doch bei einem Mittelwert von 10 sicher anders zu beurteilen als dieselbe Streuung bei einem Mittelwert von 100. Das mag unmittelbar einleuchten. Aber, ist denn eine mittlere Streuung von 0,4 bei einem Mittelwert von 1,5 tatsächlich kleiner als eine Standardabweichung von 25 bei einem Mittelwert von 150?

Um das Niveau der Verteilung adäquat beim Streuungsvergleich berücksichtigen zu können, sollte für den Vergleich eine *relative* Betrachtung der jeweiligen Streuung herangezogen werden. Am einfachsten wird hierzu die Standardabweichung durch den Betrag des zugehörigen Mittelwerts dividiert. So erhält man mit dem resultierenden **Variationskoeffizienten** ein relatives Streuungsmaß, das als prozentuale durchschnittliche Abweichung vom Mittelwert zu interpretieren ist.

5.3 Quantile einer Verteilung

Bei den Quantilen ist die Verwirrung oft groß angesichts der vielen unterschiedlichen Bezeichnungen, die im Zusammenhang mit ihnen auftreten. Da ist die Rede von Quantilen oder Fraktilen bzw. von Quartilen, Dezilen oder gar Perzentilen, um nur einige zu nennen.

Während Fraktil nur eine andere Bezeichnung für ein Quantil ist, sind Quartile, Dezile und Perzentile Bezeichnungen für ganz spezielle Quantile.

Grundsätzlich ist ein **Quantil** einer Verteilung nichts anderes als der Wert, der die aufsteigend geordnete Reihe von n Beobachtungswerten in einem bestimmten Verhältnis p zu $(1-p)$ in zwei Gruppen trennt. Man spricht allgemein vom **p-Quantil**.

Ein solches Quantil kennen wir bereits, nämlich den Median. Bei ihm ist das Verhältnis von p zu $(1-p)$ 50 : 50, d. h.: p und $(1-p)$ nehmen jeweils den Wert 0,5 an. Der Median ist also das 0,5-Quantil bzw. das 50%-Quantil.

Neben dem Median sind auch jene Quantile geläufig, die die Beobachtungswerte im Verhältnis 25 : 75 oder umgekehrt im Verhältnis 75 : 25 trennen. Da hier ein Viertel bzw. Dreiviertel der Werte kleiner als der entsprechende Quantilswert sind, heißen diese Quantile auch **1.** bzw. **3. Quartil**. Nach dieser Logik ist demnach der Median auch gleichzusetzen mit dem **2. Quartil**.

Teilt man die Menge der Beobachtungswerte in 10%-Schritte bzw. in 1%-Schritte, spricht man von **Dezilen** bzw. von **Perzentilen**. Es existieren somit neun (!) Dezile und 99 (!) Perzentile.

Wir wollen nun einige Quantile an einem Beispieldatensatz berechnen. Nehmen wir die 50 Alterswerte aus unserer Mitarbeiterbefragung. Der Größe nach geordnet stehen uns die folgenden Daten zur Verfügung.

16	16	18	18	20	20	20	20	23	23
24	24	25	25	25	25	26	26	26	28
28	28	32	32	32	32	33	33	35	35
35	35	38	40	41	41	45	45	45	47
53	53	53	53	57	59	59	62	62	64

Nun wurden einige ausgewählte Quantile berechnet. Sie können sie der nachfolgenden Tabelle entnehmen:

1. Dezil	p = 0,10	10%-Quantil	20
1. Quartil	p = 0,25	25%-Quantil	25
Median	p = 0,50	50%-Quantil	32
60%-Quantil	p = 0,60	60%-Quantil	35
3. Quartil	p = 0,75	75%-Quantil	45
9. Dezil	p = 0,90	90%-Quantil	57,2
95. Perzentil	p = 0,95	95%-Quantil	60,65

Wenn es um die einfache Beschreibung von Daten anhand weniger schnell zu berechnender Kennzahlen geht, wird oftmals auch der sog. **Quartilsabstand** als simples Streuungsmaß angegeben. Dabei handelt es sich einfach um die Differenz aus dem 3. und dem 1. Quartil. Im Beispiel von oben wäre dieser Wert $45 - 25 = 20$.

Quantile von speziellen theoretischen Verteilungen — wie wir sie im Rahmen der Wahrscheinlichkeitsrechnung in Kapitel 7 behandeln werden — sind für den Gebrauch von sog. Verteilungstabellen ganz wichtig. An dieser Stelle sollten Sie sich zumindest schon mal einprägen, was ein Quantil allgemein darstellt.

5.4 Kennzahlen der Konzentration

Im Rahmen der Konzentrationsrechnung interessiert (vornehmlich bei betriebs- oder volkswirtschaftlichen Fragestellungen) die Beurteilung, inwieweit sich die Verteilung eines Merkmals auf die Merkmalsträger einer Gesamtheit »konzentriert«.

Wenn nur 10 % der Unternehmen einer Branche 70 % des Branchenumsatzes machen, nur 6 % der Bevölkerung über 50 % des Vermögens besitzen oder der Aktienbesitz zum Großteil in den Händen einiger weniger Großaktionäre liegt, haben wir es mit einer entsprechend hohen **Konzentration** zu tun.

Es geht also um die Frage der Aufteilung der Gesamtmerkmalssumme auf die Merkmalsträger. Konzentration ist dabei gleichzusetzen mit dem Ausmaß der Ungleichverteilung. Je nach Untersuchungsziel lässt sich die relative oder die absolute Konzentration heranziehen.

Absolute Konzentration liegt vor, wenn der Gesamtmerkmalsbetrag oder ein Großteil desselben auf eine sehr geringe *Anzahl* an Merkmalsträgern entfällt. Das könnte z. B. der Fall sein, wenn der Branchenumsatz auf einige wenige Unternehmen der Branche entfällt.

Möchte man indes analysieren inwieweit kleine *Anteile* der Merkmalsträger über hohe Anteile am Gesamtmerkmalsbetrag verfügen, spricht man von **relativer Konzentration**. Insbesondere bei Einkommens- oder Vermögensverteilungen spielt die relative Konzentration eine wichtige Rolle.

5.4.1 Die relative Konzentration

Wir wollen zunächst an einem einfachen Beispiel die relative Konzentration sowohl grafisch darstellen als auch mithilfe einer Kennzahl messen.

Nehmen wir einmal an, die Lohn- und Gehaltsabteilung veröffentlicht die Gehälter aller fünf ($n = 5$) Vorstandsmitglieder unseres Beispielunternehmens. Der Geschäftsführer wird demnach mit einem Jahressalär von rund 160.000 € bedacht. Seine vier Stellvertreter, die Abteilungsvorsteher, erhalten (weil sie unterschiedlich lange im Unternehmen sind) 140.000, 120.000, 100.000 bzw. 80.000 €. Damit ergibt sich ein Gesamtjahresgehalt für die Vorstandsriege von insgesamt 600.000 €.

Wäre die Gehaltssumme von 600.000 € gleichmäßig verteilt, müsste jeder der fünf Führungskräfte mit dem Durchschnitteinkommen, also dem arithmetischen Mittel in Höhe von 120.000 € entlohnt werden. In diesem Fall läge keine Ungleichverteilung (also keine Konzentration) des Gehalts vor. Zudem wäre bei dieser Verteilung auch keine Streuung um den Mittelwert zu verzeichnen. Damit lässt sich der Zusammenhang zwischen Konzentration und Streuung erahnen.

Nun ist es aber so, dass keine Gleichverteilung der Gehälter vorliegt, sondern ein gewisses Maß an Ungleichverteilung existiert (unabhängig davon, ob andere Aspekte die unterschiedlichen Gehälter rechtfertigen). Wie lässt sich eine solche Situation im Vergleich zu einer Gleichverteilung beurteilen bzw. messen?

Ein einfaches grafisches Mittel, die relative Konzentration einer Verteilung darzustellen, ist die **Lorenzkurve**. Mit ihr werden den kumulierten Anteilen einer Gesamtheit (den Merkmalsträgern) die kumulierten Anteile am Gesamtmerkmalsbetrag gegenübergestellt.

Wie sehen diese Anteile in unserem Beispiel aus? Tabelle 5.3 gibt Aufschluss darüber.

Person	Anteil an Gesamtheit	Kumulierter Anteil an Gesamtheit	Jahresgehalt (in Tsd. €)	Anteil am Gesamtgehalt	Kumulierter Anteil an Gesamtgehalt
1	0,2	**0,2**	80	0,133	**0,133**
2	0,2	**0,4**	100	0,167	**0,3**
3	0,2	**0,6**	120	0,2	**0,5**
4	0,2	**0,8**	140	0,233	**0,733**
5	0,2	**1**	160	0,267	**1**
Σ	1	-	600	1	-

Tab. 5.3: Bestimmung der Werte der Lorenzkurve

Zunächst sind die Beobachtungswerte für das Merkmal »Gehalt« aufsteigend der Größe nach zu ordnen. Jede der fünf Personen repräsentiert ein Fünftel

(0,2) der Gesamtheit (Spalte 2). Der Anteil am Gesamtgehalt der jeweiligen Person lässt sich in Spalte 5 ablesen.

Wichtig sind nun die kumulierten Anteilswerte (Spalte 3 und 6). Die erste Kombination dieser beiden Werte (0,2; 0,133) besagt, dass 20 % der Gesamtheit (also die erste von fünf Personen) über 13,3 % des Gesamtgehalts verfügen. 40 % der Gesamtheit (zwei von fünf Personen) verfügen über insgesamt 30 % der Gehaltssumme usw.

Tragen wir diese Punktepaare als x- und y-Koordinaten in einem Koordinatensystem der Länge 1 ab und verbinden wir — ausgehend vom Nullpunkt — alle Koordinatenpaare sukzessive linear miteinander, erhalten wir die Lorenzkurve (siehe Abbildung 5.2).

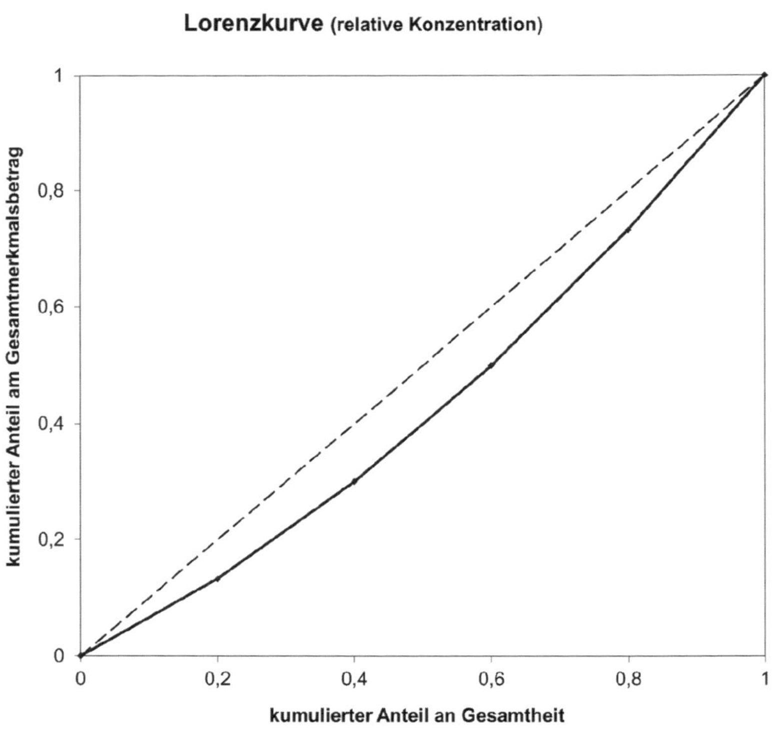

Abb. 5.2: Lorenzkurve bei relativer Konzentration

Würden alle fünf Mitglieder der Geschäftsleitung dasselbe Gehalt beziehen, würde die Lorenzkurve mit der gestrichelten Linie, der Winkelhalbierenden, zusammenfallen.

Wir können das leicht nachprüfen, indem wir die kumulierten Anteile an der Gesamtgehaltssumme berechnen. Jeder bekäme mit 120.000 € ein Fünftel (0,2) vom Gesamtgehalt. Somit entsprächen die kumulierten Anteile am Gehalt den kumulierten Anteilen an der Gesamtheit. Die Koordinatenpunkte der Lorenzkurve lägen auf der Diagonalen. In diesem Fall hätten wir eine Gleichverteilung, und damit eine Konzentration von Null.

In unserem Fall liegt die Lorenzkurve etwas unterhalb der Diagonalen, weil ein gewisses Maß an Ungleichverteilung vorliegt. Offensichtlich hängt das Ausmaß dieser Ungleichverteilung, der Konzentration, mit dem Verlauf der Lorenzkurve zusammen.

Achtung: !

Je weiter die Lorenzkurve »durchhängt«, desto größer ist die Konzentration.

Dass dies tatsächlich so ist, lässt sich leicht zeigen, indem wir eine Extremsituation betrachten:

Angenommen, der Geschäftsführer würde das gesamte Jahresgehalt von 600.000 € einstreichen und alle anderen würden keinen einzigen Cent bekommen. Das wäre die maximal mögliche Ungleichverteilung; hier wäre die Konzentration am größten. Wie würde in diesem Fall die Lorenzkurve aussehen?

Die Gehälter, der Größe nach geordnet, wären mit 0, 0, 0, 0 und 600.000 € anzusetzen. Daraus folgen für die kumulierten Anteile die Werte 0, 0, 0, 0 und 1. Bei den Personenanteilen (Anteil an der Gesamtheit) ändert sich indes nichts. Wir erhalten dann die folgende Lorenzkurve:

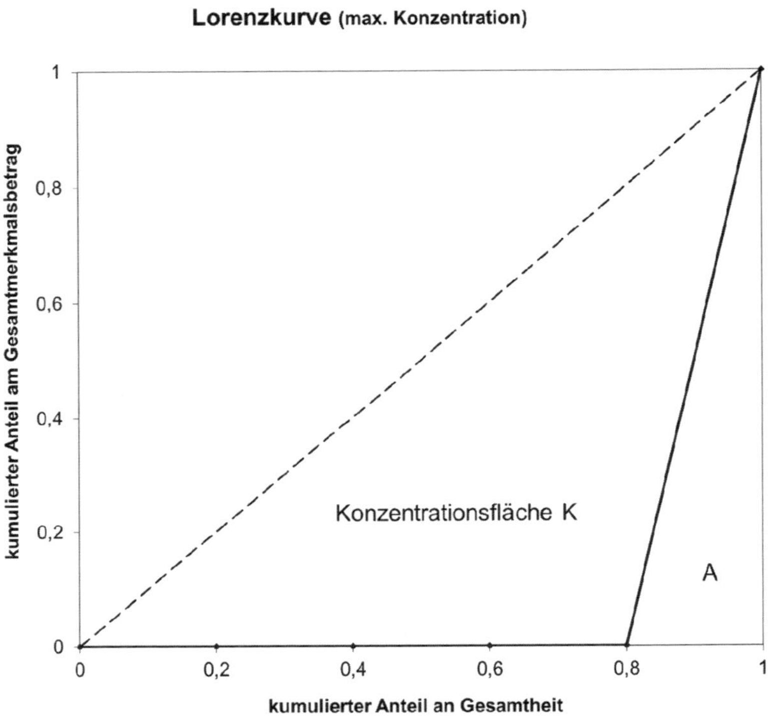

Abb. 5.3: Lorenzkurve bei maximaler relativer Konzentration

Die Lorenzkurve hängt hier maximal durch. Mit anderen Worten: Die Abweichung von der Diagonalen ist maximal. Die Lorenzkurve verläuft bis zum Punkt

$$\left(\frac{n-1}{n};0\right)=\left(\frac{4-1}{5};0\right)=(0{,}8\,;0)$$

auf der x-Achse und springt erst dann zum Koordinatenpaar (1; 1) hoch.

Aus der grafischen Darstellung lässt sich nun in einfacher Weise auch eine Kennzahl für die relative Konzentration ableiten. Es handelt sich um den **Gini-Koeffizienten** (oder Gini-Index). Er misst die relative Konzentration und nimmt bei einer

Nullkonzentration den Wert 0 und bei einer maximalen Konzentration einen Wert nahe 1 an.

Wie groß der maximale Wert ist, hängt von der Anzahl der Merkmals- bzw. Beobachtungswerte *n* ab. Sehen wir uns hierzu kurz an, wie sich der Gini-Koeffizient aus der Lorenzkurve ableiten lässt.

Anhand der Lorenzkurve einer Verteilung erkennen wir, dass die Konzentration umso größer ist, je weiter sich die Kurve von der Diagonalen nach unten entfernt. Es würde naheliegen, die Fläche zwischen der Diagonalen und der Lorenzkurve, die sog. **Konzentrationsfläche**, als Maß für die Konzentration zu verwenden (Fläche K in Abbildung 5.3, Seite 86). Dieses Maß nimmt den Wert 0 an, wenn keine Konzentration vorliegt (die Lorenzkurve also der Diagonalen entspricht); bei maximaler Konzentration hingegen nähert sich die Konzentrationsfläche dem Wert 0,5 an. Da die Lorenzkurve bei *n* Merkmalsträgern maximal bis zum x-Wert $(n - 1)/n$ auf der Abszisse verläuft, fehlt zum Flächeninhalt von 0,5 gerade einmal die Fläche eines kleinen Dreiecks, rechts davon (Fläche A in Abbildung 5.3, Seite 86).

Da man aber als Maximum für ein Konzentrationsmaß gerne den Wert 1 hätte, verwendet man nicht die Konzentrationsfläche K, sondern das Verhältnis zwischen ihr und dem gesamten Dreiecksflächeninhalt unterhalb der Diagonalen. Der Gini-Koeffizient (*G*) ist damit gleich

$$G = \frac{K}{0{,}5} = 2 \cdot K$$

Er bewegt sich zwischen dem Wert 0 (Nichtkonzentration) und dem Wert $(n - 1)/n$ (maximale Konzentration), in unserem Fall also irgendwo zwischen 0 und 0,8.

Wichtig ist hier, zu erkennen, wie der Gini-Koeffizient und die Lorenzkurve miteinander zusammenhängen und welche Werte für eine hohe und welche für ein geringe Konzentration sprechen.

5.4.2 Die absolute Konzentration

Wollen wir die **absolute Konzentration** messen, gibt es auch hier eine grafische und eine kennzahlenorientierte Lösung. Gehen wir erneut anhand eines Beispiels vor.

Angenommen, den Mobilfunkmarkt in einem Land teilen sich vier Netzbetreiber, für die die folgenden Teilnehmermarktanteile zu verzeichnen sind.

Netzbetreiber	Teilnehmermarktanteile
Betreiber A	37,3 %
Betreiber B	36,8 %
Betreiber C	13,6 %
Betreiber D	12,3 %

Tab. 5.4: Absolute Konzentration bei Marktanteilen

Für die Messung der absoluten Konzentration benötigen wir erneut die kumulierten Anteile am Merkmalsbetrag. Die gegebenen Marktanteile stehen bereits zur Verfügung und müssen nur noch kumuliert werden. Dabei ist zu beachten, dass nunmehr – im Gegensatz zur relativen Konzentrationsmessung – die Sortierung absteigend der Größe nach erfolgt. Das heißt: Zunächst wird der Netzbetreiber mit dem größten Anteil am Markt betrachtet, dann der zweitgrößte usw.

Erstellen wir uns nun wieder eine Hilfstabelle mit den kumulierten Anteilen:

Netzbetreiber	Teilnehmermarktanteile	Kumulierter Anteil am Gesamtgehalt (Konzentrationsraten)
Betreiber A	0,373	**0,373**
Betreiber B	0,368	**0,741**
Betreiber C	0,136	**0,877**
Betreiber D	0,123	**1**
Summe	*1*	-

Tab. 5.5: Absolute Konzentration und Konzentrationsraten bei Marktanteilen

Die so kumulierten Anteile am Merkmalsbetrag heißen **Konzentrationsraten**. Sie besagen hier, dass der größte Anbieter alleine 37,3 % des Marktes beherrscht, die zwei größten Anbieter zusammen beherrschen bereits 74,1 % usw.

Abbildung 5.4 zeigt die **Konzentrationskurve**. Die Konzentrationsraten werden hier gegen die Anzahl der Merkmalsträger abgetragen. Durch die anfängliche Sortierung des Merkmalswertes (bzw. der Merkmalsanteile) absteigend der Größe nach wird gewährleistet, dass die Konzentrationskurve stets oberhalb der Diagonalen verläuft. Nur im Falle einer Nichtkonzentration fällt sie wieder mit der Diagonalen zusammen.

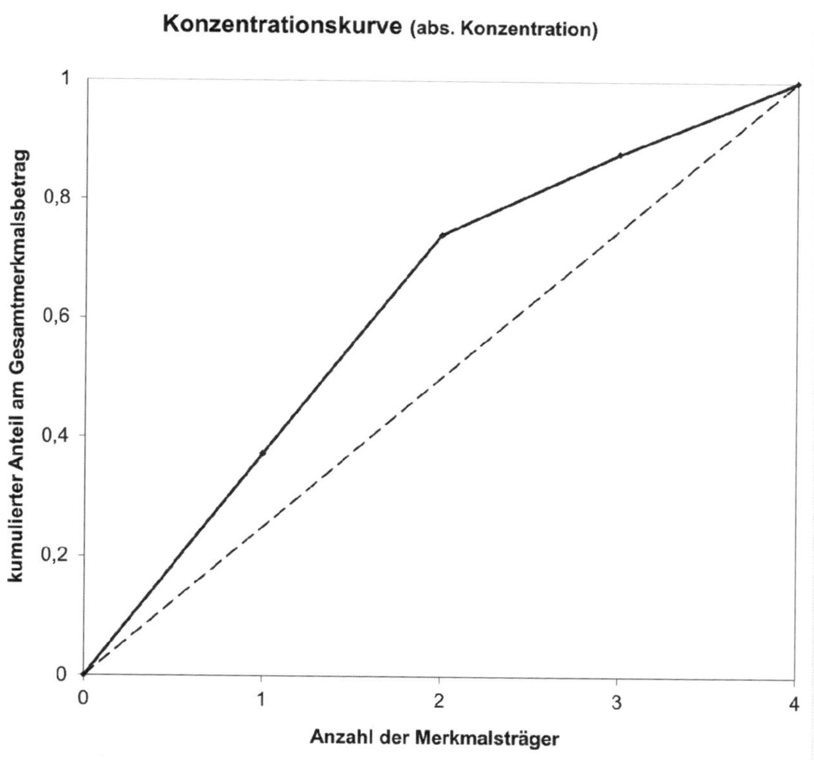

Abb. 5.4: Konzentrationskurve bei absoluter Konzentration

Die Konzentrationsraten selbst sind die – auch in der amtlichen Statistik – gebräuchlichsten Maße zur Messung der absoluten Konzentration.

! **Achtung: Merkmalswerte immer der Größe nach ordnen!**

Zu beachten ist die unterschiedliche Sortierreihenfolge der Merkmalswerte – je nachdem, ob man die relative oder die absolute Konzentration darstellen will. Bei der relativen Konzentration muss aufsteigend, bei der absoluten Konzentration absteigend der Größe nach sortiert werden.

5.5 Kennzahlen des Zusammenhangs zweier Merkmale

Bei den bisherigen Kennzahlen zur Lage, Streuung oder Konzentration ging es immer nur um ein Merkmal. Wir haben uns bereits kurz die Möglichkeiten der gemeinsamen Darstellung von zwei (oder auch von mehreren) Merkmalen in gemeinsamen Häufigkeitstabellen angesehen (siehe Kapitel 4.2, Seite 58). Nun folgen die entsprechenden Kennzahlen, die den Zusammenhang zweier Merkmale beschreiben.

! **Achtung:**

Geht es im Rahmen der Statistik um die Beschreibung des Zusammenhangs von Merkmalen ist damit lediglich der in den Daten begründete Zusammenhang, also der statistische Zusammenhang gemeint. Kausale Zusammenhänge können mit statistischen Methoden selbstverständlich nicht begründet werden. Hier muss der gesunde Menschenverstand zum Einsatz kommen.

Bei der Analyse des statistischen Zusammenhangs müssen wir die Skalierung der beteiligten Merkmale beachten. Ähnlich wie bei der Varianz sind einige Kennzahlen des Zusammenhangs nur für metrisch skalierte Merkmale anwendbar.

Auf der anderen Seite sind aber auch und gerade die Zusammenhänge nominaler bzw. ordinaler Merkmale interessant. Bei allen bisher betrachteten gemeinsamen Häufigkeitstabellen finden wir diese Art der Merkmale vor. Für beide Merkmalstypen werden wir uns im Folgenden geeignete Methoden ansehen.

5.5.1 Kreuztabellen

Als erstes befassen wir uns mit nominalen bzw. ordinalen Merkmalen. Weisen diese jeweils nicht zu viele Kategorien auf, können wir zur Analyse des Zusammenhangs direkt auf die gemeinsame Häufigkeitstabelle zurückgreifen. Man bezeichnet die Häufigkeitstabellen in diesem Zusammenhang als **Kreuztabellen**, wobei sowohl die absoluten als auch die relativen Häufigkeiten dargestellt werden können.

Anhand einer bereits erstellten Kreuztabelle wollen wir den Zusammenhang zweier nominaler Merkmale überprüfen. Es sind die beiden Merkmale »Familienstand« und »Geschlecht«, die uns bei unseren 50 Mitarbeitern zur Verfügung stehen.

Familienstand	**Geschlecht**		***Summe***
	männl.	**weibl.**	
ledig	0,22	0,18	*0,40*
verheiratet	0,30	0,20	*0,50*
geschieden	0,08	0,02	*0,10*
Summe	*0,60*	*0,40*	*1*

Tab. 5.6: Kreuztabelle mit beobachteten relativen Häufigkeiten der Merkmale »Familienstand« und »Geschlecht«

Wie können wir nun überprüfen, ob es einen Zusammenhang zwischen dem Merkmal »Familienstand« und dem Merkmal »Geschlecht« gibt oder ob beide voneinander unabhängig sind?

Lassen Sie uns überlegen, was es (ausschließlich statistisch, keineswegs inhaltlich) bedeuten würde, wenn der Familienstand unabhängig vom Geschlecht wäre. Wir wissen, dass insgesamt 40 % der Befragten ledig sind. Wäre das Geschlecht hierbei unerheblich, müssten sowohl bei den Männern als auch bei den Frauen 40 % ledig sein. Wie sieht es nun tatsächlich aus?

Der Wert 0,18 z. B. besagt, dass 18 % aller Befragten weiblich und ledig sind. Da wir wissen, dass der Anteil der Frauen insgesamt 40 % beträgt, erhalten wir mit 0,18/0,40 = 0,45, also 45 %, den Anteil der Ledigen unter den Frauen.

Es handelt sich hierbei um die bedingte relative Häufigkeit und wir stellen fest, dass der Ledigenanteil bei den Frauen höher ist als der, den wir bei einer Unabhängigkeit vom Geschlecht erwarten würden. Diesen Vergleich stellen wir für alle Merkmalskombinationen an.

Nun können wir es uns aber einfacher machen und brauchen nicht erst die bedingten Häufigkeiten für einen Vergleich berechnen. Genauso gut lassen sich hierfür nämlich die beobachteten gemeinsamen relativen Häufigkeiten, wie wir sie in der Kreuztabelle bereits vorfinden, mit den Werten vergleichen, die wir bei einer Unabhängigkeit der beiden Merkmale erwarten würden.

Die bei Unabhängigkeit zu erwartenden relativen Häufigkeiten lassen sich einfach berechnen, indem wir für jede Merkmalskombination das Produkt der Randhäufigkeiten bilden. So beträgt die zu erwartende relative Häufigkeit bei den ledigen Frauen 0,40 x 0,40 = 0,16. In Tabelle 5.7 sind alle zu erwartenden relativen Häufigkeiten verzeichnet.

Familienstand	**Geschlecht**		**Summe**
	männl.	**weibl.**	
Ledig	**0,24**	**0,16**	*0,40*
verheiratet	0,30	0,20	*0,50*
geschieden	**0,06**	**0,04**	*0,10*
Summe	*0,60*	*0,40*	*1*

Tab. 5.7: Kreuztabelle mit den bei Unabhängigkeit erwarteten relativen Häufigkeiten der Merkmale »Familienstand« und »Geschlecht«

Hervorgehoben sind die erwarteten relativen Häufigkeiten, bei denen es Unterschiede zu den beobachteten Häufigkeiten gibt (vgl. Tabelle 5.6, Seite 91).

Um eine Kennzahl zu erhalten, die die Stärke des Zusammenhangs (oder aber der Unabhängigkeit) zum Ausdruck bringt, werden alle Abweichungen geeignet zusammengefasst.

Dabei sind die Abweichungen zwischen den beobachteten und den erwarteten relativen Häufigkeiten zu quadrieren, anschließend jeweils durch die erwartete relative Häufigkeit zu dividieren und alle so erhaltenen Werte aufzuaddieren. Zum Schluss erfolgt noch eine Multiplikation mit der Anzahl der Beobachtungswerte.

Das so gebildete Zusammenhangsmaß heißt **Chi-Quadrat-Koeffizient** (bezeichnet mit χ^2 — gesprochen: »chi-quadrat«). Für die vorliegenden Beispielwerte berechnet es sich wie folgt:

$$\chi^2 = 50 \cdot \left[\frac{(0{,}22 - 0{,}24)^2}{0{,}24} + \ldots + \frac{(0{,}02 - 0{,}04)^2}{0{,}04} \right] = 1{,}049$$

Augenscheinlich ist es so, dass diese Kennzahl nur bei Unabhängigkeit der beiden Merkmale den Wert 0 annimmt. Leider ist der Wert nicht normiert, also auch nach oben unbegrenzt. So lässt sich die Stärke des Zusammenhangs nicht objektiv beurteilen.

Diesen Makel beheben weiterentwickelte Kennzahlen, indem sie den Chi-Quadrat-Wert normieren. Der **Kontingenzkoeffizient** (bezeichnet mit C) z. B. lässt sich einfach bilden und hat den Vorteil, dass er nur Werte zwischen 0 und 1 annimmt, wobei 0 und 1 selbst nie erreicht werden können. Das lässt dagegen das sog. **Cramers V** (bezeichnet mit V) zu, eine weitere aus dem Chi-Quadrat modifizierte Kennzahl.

Bei beiden gilt, dass höhere Werte (etwa ab 0,6) auf einen starken, Werte zwischen 0,2 und 0,6 auf einen mittleren und Werte, die kleiner als 0,2 sind, auf einen schwachen statistischen Zusammenhang hindeuten. Werte, die sich 0 annähern, weisen auf eine Unabhängigkeit der Merkmale hin.

Der Vollständigkeit halber werden die beiden Koeffizienten für das Beispiel von oben hier noch angegeben:

$$C = \sqrt{\frac{\chi^2}{\chi^2 + n}} = \sqrt{\frac{1{,}049}{1{,}049 + 50}} = 0{,}143$$

$$V = \sqrt{\frac{\chi^2}{n \cdot (q-1)}} = \sqrt{\frac{1{,}049}{50 \cdot (2-1)}} = 0{,}145$$

(q ist dabei die kleinere der beiden Anzahlen der Zeilen und Spalten in der Kreuztabelle.)

Somit ist der statistische Zusammenhang von »Familienstand« und »Geschlecht« eher von schwacher Natur.

5.5.2 Kovarianz und Korrelationskoeffizient

Wenn wir es mit metrischen (Zahlen-)Werten zu tun haben, messen wir den statistischen Zusammenhang mit anderen Instrumenten. Die Kennzahlen, die in diesem Zusammenhang auftauchen, sind die Kovarianz und der aus ihr abgeleitete Korrelationskoeffizient nach Bravais-Pearson. Beide sind häufig verwendete statistische Maßzahlen und leider auch ebenso häufig falsch verstandene Größen.

Generell geht es um die Beantwortung der Frage, ob ein Merkmal umso größere Werte annimmt, je größer die Werte des anderen Merkmals sind und ob die beiden Merkmale somit einen gewissen »Gleichlauf« aufweisen oder ob sie sich gegenläufig verhalten.

Die Kovarianz

Die **Kovarianz** ist ein Maß für das Kovariieren (wie der Name vermuten lässt), also für das »gemeinsame Variieren«. Während die Varianz das Variieren nur eines Merkmals beschreibt werden bei der Kovarianz zwei Merkmale in ihrem Variieren gemeinsam betrachtet. Auch die Formel für die Kovarianz gleicht im Prinzip der Formel der Varianz. Diese war, wir erinnern uns:

$$s^2 = \frac{1}{n}\sum_{i=1}^{n}(x_i - \overline{x})^2$$

Wir können diese Formel auch so schreiben:

$$s^2 = \frac{1}{n}\sum_{i=1}^{n}(x_i - \overline{x})(x_i - \overline{x})$$

Ersetzen wir nun ein Merkmal x in der Formel durch das zweite Merkmal, das wir z. B. mit y bezeichnen, dann haben wir bereits die Formel für die Kovarianz, die nun mit s_{xy} bezeichnet wird:

$$s_{xy} = \frac{1}{n}\sum_{i=1}^{n}(x_i - \overline{x})(y_i - \overline{y})$$

Eine positive Kovarianz besagt, dass sich die beiden Merkmale gleichläufig verhalten. Man spricht hier von einem positiven linearen Zusammenhang.

Ein negativer Wert ist aber genauso möglich. Er entsteht, wenn sich die beiden Merkmale gegenläufig verhalten. Sie weisen dann einen negativen linearen Zusammenhang auf.

Je größer der Absolutbetrag der Kovarianz, desto stärker ist der **lineare Zusammenhang**. Nur ein Wert von (nahe) 0 besagt, dass kein linearer Zusammenhang zwischen den beiden Merkmalen besteht.

Somit ist die Kovarianz zwar dazu geeignet, die Richtung des Zusammenhangs anzugeben, sie ist aber nicht dazu in der Lage, auch die Stärke des Zusammenhangs zu beurteilen. Wie auch die Varianz hat die Kovarianz den Nachteil, dass sie nicht normiert ist. Mit anderen Worten: Ob eine Kovarianz von 10 oder von 1.000 einen starken Zusammenhang repräsentiert, hängt vom allgemeinen Werteniveau der Merkmale ab.

Der Korrelationskoeffizient

Dieselbe Aussage über den linearen Zusammenhang zweier Merkmale liefert aber auch der **Korrelationskoeffizient**, der darüber hinaus den Vorteil hat, dass er auf einen bestimmten Wertebereich eingegrenzt ist. In aller Regel wird man deshalb auf den Korrelationskoeffizienten zurückgreifen.

Achtung: Der Korrelationskoeffizient misst nur lineare Zusammenhänge! !

Falls der Korrelationskoeffizient den Wert 0 aufweist, bedeutet das lediglich, dass beide Merkmale nicht linear zusammenhängen. Mögliche nicht lineare Abhängigkeiten werden mit dem Korrelationskoeffizienten nicht erfasst.

Die Normierung der Kovarianz erfolgt, indem sie durch das Produkt der Standardabweichungen der beteiligten Merkmale geteilt wird. Der daraus resultierende Korrelationskoeffizient wird meist mit *r* bezeichnet und sieht für die Merkmale *x* und *y* — vereinfacht ausgedrückt — folgendermaßen aus:

$$r_{xy} = \frac{s_{xy}}{s_x \cdot s_y}$$

Der Korrelationskoeffizient liegt stets zwischen −1 und +1. Die Stärke des Zusammenhangs hängt vom Betrag des Koeffizienten ab, das Vorzeichen gibt die Richtung an.

Ist *r* ungleich 0 spricht man — je nach Vorzeichen — von einer positiven oder einer negativen Korrelation. In der Praxis kann für die Beurteilung der Stärke der Korrelation folgende Einstufung verwendet werden.

Korrelationskoeffizient	Stärke des linearen Zusammenhangs
$\lvert r \rvert \leq 0{,}2$	Sehr geringe Korrelation
$0{,}2 < \lvert r \rvert \leq 0{,}5$	Geringe Korrelation
$0{,}5 < \lvert r \rvert \leq 0{,}7$	Mittlere Korrelation
$0{,}7 < \lvert r \rvert \leq 0{,}9$	Hohe Korrelation
$0{,}9 < \lvert r \rvert \leq 1$	Sehr hohe Korrelation

Tab. 5.8: Korrelationskoeffizient und die Stärke des linearen Zusammenhangs zwischen zwei Merkmalen

So viel Theorie verlangt nach einem Zahlenbeispiel. Wir haben uns in Kapitel 4.2 (Seite 58) bereits in einem Streudiagramm den Zusammenhang der beiden Merkmale »Alter« und »Bruttomonatsgehalt« veranschaulicht (siehe Abbildung 4.11, Seite 63). In diesem Diagramm war bereits ein — durchaus als in der Tendenz linear zu bezeichnender — positiver Zusammenhang zu erkennen. Nun wollen wir diesen Zusammenhang nachprüfen, indem wir die hierfür maßgeblichen Kennzahlen berechnen:

Kennzahl	Merkmal	
	Alter	Gehalt
Arithmetisches Mittel	35,10	2.149
Standardabweichung	13,67	774,37
Kovarianz	9.646,1000	
Korrelationskoeffizient	0,9112	

Tab. 5.9: Statistische Kennzahlen der beiden Merkmale »Alter« und »Gehalt«

Wie schon vermutet, wird der positive lineare Zusammenhang durch den sehr hohen Korrelationskoeffizienten bestätigt.

Ist dagegen r gleich 0, besteht kein linearer Zusammenhang zwischen den Merkmalen. Man sagt: Die Merkmale sind unkorreliert.

Der Korrelationskoeffizient ist immer nur dann gleich 0, wenn auch die Kovarianz gleich 0 ist ($s_{xy} = 0$). Die Kovarianz ist ihrerseits wiederum gleich 0, wenn mindestens ein Merkmal selbst nicht streut ($s_x = 0$ bzw. $s_y = 0$). Allerdings kann die Kovarianz auch dann gleich 0 sein, wenn beide Merkmale streuen, nur eben nicht gemeinsam. Ein einfaches Zahlenbeispiel verdeutlicht diesen Fall:

Zwei Merkmale, X und Y, werden gemeinsam betrachtet. X kann die Werte 1, 2 oder 3 und Y die Werte 4, 5 oder 6 annehmen. Erhoben werden fünf Wertpaare (x;y): (1;5), (2;4), (2;5), (2;6) und (3;5). Die Kennzahlen berechnen sich — wie leicht nachzurechnen ist — für X und Y wie folgt.

Kennzahl	Merkmal	
	X	Y
Arithmetisches Mittel	2	5
Standardabweichung	0,6325	0,6325
Kovarianz	0	
Korrelationskoeffizient	0	

Tab. 5.10: Beispiel für zwei nicht korrelierende Merkmale

! **Tipp:**

Vor der Berechnung des Korrelationskoeffizienten sollte man stets eine Sichtprüfung auf einen linearen Zusammenhang mittels des dazugehörigen Streudiagramms vornehmen!

Mithilfe der Korrelationsrechnung können wir die Stärke und die Richtung des linearen Zusammenhangs zweier metrischer Merkmale messen. Einen Schritt weiter gehen wir in Kapitel 6 »So funktioniert die Regressionsrechnung« (Seite 103), wenn wir versuchen, den linearen Zusammenhang anhand einer linearen Gleichung formelmäßig zu erfassen. Das ist die Aufgabe der Regressionsrechnung.

Zuvor sehen wir uns aber der Vollständigkeit halber noch zwei weitere Arten von Kennzahlen an, die in der Praxis sehr häufig zur Beschreibung von Sachverhalten oder Entwicklungen herangezogen werden. Gemeint sind die Verhältnis- und Indexzahlen.

5.6 Verhältnis- und Indexzahlen

5.6.1 Verhältniszahlen

Unter einer **Verhältniszahl** versteht man kurz gesagt den Quotienten aus zwei sachlogisch verbundenen statistischen Zahlen. Allerdings gibt es — wie wir gleich sehen werden — unterschiedliche Arten von Verhältniszahlen.

Zu den Verhältniszahlen gehören z. B. die **Quoten** (auch Gliederungszahlen oder Anteilszahlen genannt), bei denen die Zählergröße eine Teilmenge der im Nenner stehenden Menge ist. Die Arbeitslosen- oder Erwerbstätigenquote, der Frauenanteil unter den Mitarbeitern oder der Umsatzanteil einer Produktlinie am Gesamtumsatz eines Unternehmens sind nur einige Beispiele für Quoten.

Daneben existieren **Raten** (auch Beziehungszahlen genannt) als spezielle Verhältniszahlen. Bei ihnen stehen im Zähler und im Nenner sinnvoll zueinander in Beziehung stehende Größen unterschiedlicher Merkmale. Einige Beispiele hierzu sind die Umsatzrendite (als Gewinn-Umsatz-Quotient), die Rentabilität (als Gewinn-Kapital-Quotient) oder die Produktivität (als Output-Input-Quotient). Aber auch die Bevölkerungsdichte (Einwohnerzahl zur Fläche einer Region), die Kfz-

Dichte (Anzahl zugelassener Kfz zur Anzahl der Einwohner einer Region) sowie alle sog. Pro-Kopf-Zahlen gehören zu dieser Art von Verhältniszahlen.

Die dritte Gruppe der Verhältniszahlen, die **Messzahlen**, setzen zwei gleichartige statistische Zahlen ins Verhältnis. Das können dieselben Merkmalswerte des gleichen Merkmals ein und desselben statistischen Elements zu unterschiedlichen Zeitpunkten oder Zeiträumen sein (zeitlicher Vergleich) oder die Merkmalswerte desselben Merkmals verschiedener statistischer Elemente für einen gleichen Zeitpunkt bzw. Zeitraum (räumlicher Vergleich). Als Beispiele für den zeitlichen Vergleich können Absatzzahlen, Preise und Umsätze eines Unternehmens genannt werden, die zu verschiedenen Zeitpunkten erhoben werden. Ein räumlicher Vergleich wäre z. B. das Verhältnis des Bruttoinlandsprodukts verschiedener Volkswirtschaften im selben Jahr.

Zu den Messzahlen wollen wir uns ein Zahlenbeispiel ansehen, das uns den Übergang von den Mess- zu den Indexzahlen, die wir uns im Anschluss ansehen werden, erleichtert.

Uns liegen die Preise dreier Softwarelizenzen (A, B und C) im Zeitraum von fünf Jahren (von 2011 bis 2015) vor. Nun bilden wir für jeden Preis eine Preismesszahl (PMZ), indem wir jeden Preis durch den Preis, den dieses Produkt zu Beginn des Betrachtungszeitraums hatte, dividieren. Damit erhalten wir je Softwareprodukt fünf Preismesszahlen, jeweils mit dem Jahr 2011 als Basiszeitperiode.

Jahr	Preis A	PMZ A	Preis B	PMZ B	Preis C	PMZ C
2011	1.350	1	8.300	1	460	1
2012	1.390	1,030	8.500	1,024	570	1,239
2013	1.400	1,037	8.600	1,036	570	1,239
2014	1.580	1,170	8.100	0,976	590	1,283
2015	1.650	1,222	7.900	0,952	590	1,283

Tab. 5.11: Preismesszahlen dreier Produkte zu verschiedenen Zeitperioden

Die Darstellung der Preisentwicklung einer Softwarelizenz erfolgt anhand von Preismesszahlen. Da wir stets dasselbe Basisjahr (2011) verwenden, können wir die zeitliche Preisentwicklung der drei unterschiedlich teuren Softwarelizenzen in einer Grafik unmittelbar miteinander vergleichen.

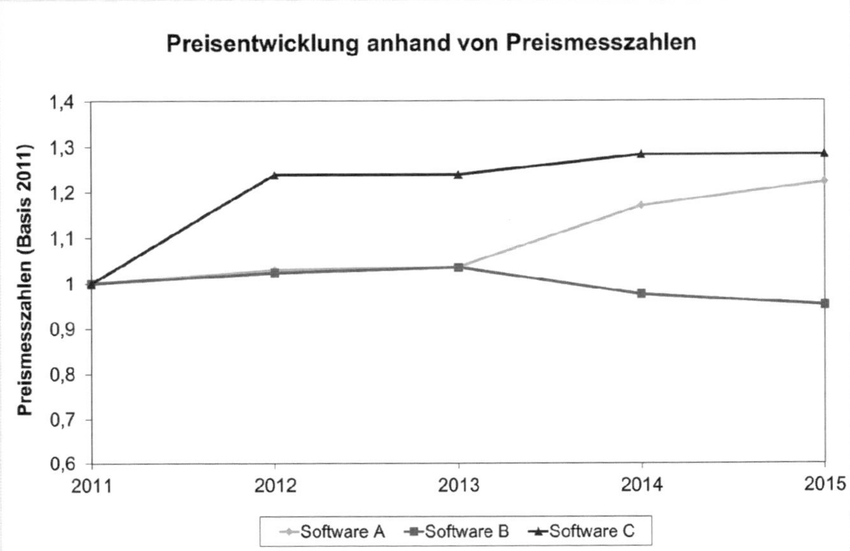

Abb. 5.5: Zeitliche Entwicklung der Preismesszahlen dreier Produkte

Wir stellen fest, dass von 2011 bis 2015 Software C den größten Preisanstieg zu verzeichnen hat (knapp 24 %). Während B und C bis 2013 annähernd gleich moderat um weniger als 4 % teurer wurden, legte Software A bis ins Jahr 2015 nochmals zu. Die Lizenz für Software B hingegen wurde preiswerter und lag 2015 sogar um 4,8 % unter ihrem Ausgangspreis von 8.300 € im Jahre 2011.

5.6.2 Indexzahlen

Für die Darstellung der zeitlichen Entwicklung und den Vergleich mit Entwicklungen anderer Größen sind Messzahlen äußert nützlich. Sie bilden darüber hinaus aber auch die Grundlage für die sog. **Indexzahlen**, die durch eine geeignete Kombination mehrerer Messzahlen gebildet werden.

Indizes sind wohl jedem schon einmal untergekommen. Sei es die uns wohl vertraute Inflationsrate, der Deutsche Aktienindex DAX oder unternehmensinterne Umsatz-, Preis- oder Kostenindizes.

Ein Preisindex z. B. fasst die Preismesszahlen verschiedener Güter in einer Kennzahl zusammen. Man spricht in diesem Zusammenhang von Aggregation gleichartiger statistischer Größen. Am einfachsten ist es, den Mittelwert der Preismesszahlen der verschiedenen Güter zu bilden, schon entsteht ein **Preisindex**.

Wir können dieses Vorgehen an unserem Beispiel demonstrieren und einen einfachen Preisindex bilden. Dazu berechnen wir das arithmetische Mittel der drei Preismesszahlen für jede Zeitperiode und multiplizieren es jeweils mit 100.

Jahr	PMZ A	PMZ B	PMZ C	Preisindex (Carli)
2011	1	1	1	100
2012	1,030	1,024	1,239	109,8
2013	1,037	1,036	1,239	110,4
2014	1,170	0,976	1,283	114,3
2015	1,222	0,952	1,283	115,2

Tab. 5.12: Preisindex der Softwarelizenzen im Zeitablauf

Zugegeben, das ist ein sehr einfach gestalteter Index, der zum einen nur drei Güter enthält (hier die drei Softwarelizenzen) und zum anderen als arithmetisches Mittel der Preismesszahlen gebildet wurde. Man kann ihn deshalb als arithmetischen Index oder auch als **Carli-Index** bezeichnen.

Der Preisindex der Lebenshaltung (der als Basis für die Berechnung der »Inflationsrate« dient) wird ähnlich wie unser Softwarepreisindex berechnet. Allerdings verwendet man hierzu nicht das einfache arithmetische Mittel (also den einfachen Durchschnitt der Preismesszahlen), sondern das sog. gewogene arithmetische Mittel.

Danach wird die Preismesszahl eines jeden in den Index eingehenden Gutes (deren Gesamtheit den »Warenkorb« bildet) mit einem Gewicht versehen. Diese Gewichte sind gerade die Anteile des Wertes des Gutes am Gesamtwert des Warenkorbes in der Basisperiode. Der Wert eines Gutes ist dabei gleichzusetzen mit dem Umsatz (Preis mal Menge).

Einen derart gebildeten Preisindex nennt man **Preisindex nach Laspeyres**. Er ist der gebräuchlichste seiner Art und wird insbesondere im Rahmen der amtlichen Statistik verwendet.

Auch der Deutsche Aktienindex DAX, der die Wertänderung der 30 deutschen Standardwerte im Zeitablauf erfasst, wird nach dieser Logik erstellt. Vereinfacht ausgedrückt bilden hier die 30 Aktienunternehmen den Warenkorb, die Preise entsprechen den Kursen (Aktienpreise) und die Mengen den Nominalwerten (Stückzahlen der Aktien).

Am Beispiel des DAX wird besonders deutlich, dass die Beschreibung, Analyse und Prognose der zeitlichen Entwicklung von Indizes oftmals eine große Rolle spielt. Darauf werden wir am Ende des nächsten Kapitels zurückkommen, wenn wir versuchen, Zeitreihen zu beschreiben.

Zuvor befassen wir uns aber mit einem sehr bedeutenden statistischen Verfahren, der Regressionsrechnung. Da die Regressionsrechnung auch im Rahmen der Beschreibung von Zeitreihen Anwendung findet, ist diese Reihenfolge zielführend.

! **Zusammenfassung:**

Kennzahlen verschiedenster Art waren der Schwerpunkt dieses Kapitels. Zum einen Kennzahlen, die die Verteilung nur eines Merkmals kennzeichnen (wie Mittelwerte und Streuungsparameter), zum anderen solche, die den Zusammenhang zweier Merkmale beschreiben (wie die Kovarianz oder der Korrelationskoeffizient).

Diese Verteilungskennzahlen kommen bei der Verdichtung der Daten zusätzlich zu den Tabellen und/oder Grafiken zum Einsatz. Sie sind gewissermaßen Stellvertreter aller Daten und bündeln die Informationen aus den Daten. Werden durch solche Kennzahlen die Daten einer Stichprobe beschrieben, dann sind sie unverzichtbare Grundlage für die Aufgaben, die die schließende Statistik vorsieht, nämlich den Rückschluss von der Stichprobe auf die Grundgesamtheit.

Neben den Verteilungskennzahlen haben wir uns auch mit den Kennzahlen der Konzentration sowie mit den geläufigeren Verhältnis- und Indexzahlen beschäftigt. Wir haben das Konzept der Lorenzkurve kennen gelernt und uns mit dem Aufbau von Preisindizes auseinandergesetzt.

Mit Abschluss dieses Kapitels haben wir viel Grundlagenwissen gesammelt, das für die Anwendung schließender Verfahren notwendig ist.

6 So funktioniert die Regressionsrechnung

!

Hier erfahren Sie ...

- ... wie Sie den Zusammenhang von Merkmalen formal erfassen können.
- ... wie die lineare Regression funktioniert.
- ... was zu tun ist, wenn Merkmale nichtlinear zusammenhängen.
- ... was das Besondere an zeitlichen Entwicklungen ist.

Die Regressionsrechnung gehört zu den Methoden, die den Zusammenhang zwischen zwei (oder mehreren) Merkmalen erfassen. Somit ist sie eng verwandt mit der Korrelationsrechnung, wie wir sie in Kapitel 5.5 (Seite 90) kennengelernt haben. Während die Korrelationsrechnung aber lediglich die Stärke eines Zusammenhangs durch einen Korrelationskoeffizienten bestimmt, möchte man im Rahmen der Regression einen funktionalen Zusammenhang finden und analysieren.

Im Unterschied zur Korrelation wird nun ein Merkmal als *abhängig* (auch Regressand genannt) und ein Merkmal (oder mehrere) als *unabhängig* bezeichnet (Regressor(en)). Man versucht, eine Formel zu finden, mit deren Hilfe man den Wert des abhängigen Merkmals aus der Kenntnis des Wertes des Regressors (bzw. der Regressoren) heraus bestimmen kann. Welches Merkmal als das abhängige angenommen wird, ergibt sich meist aus dem sachlogischen Zusammenhang bzw. aus der konkreten Fragestellung.

Am häufigsten wird als funktionale Form des Zusammenhangs zwischen zwei Merkmalen ein linearer Verlauf angenommen. Daneben gibt es aber auch die Möglichkeit, dass zwei Merkmale nichtlinear zusammenhängen. Mit der Korrelationsanalyse stößt man hier an seine Grenzen, weil sie — wie wir schon erfahren haben — nur lineare Abhängigkeiten erfassen kann.

Die Regressionsrechnung bietet aber auch für nichtlineare Zusammenhänge entsprechende Verfahren. Insofern spricht man von einerseits linearer, andererseits von nichtlinearer Regression.

Falls wir neben einem abhängigen Merkmal auch nur ein einziges Unabhängiges haben, liegt eine Einfachregression, bei mehreren Regressoren eine Mehrfachregression vor.

6.1 Die lineare Einfachregression

Beginnen wir mit unserem Beispieldatensatz, den wir bereits in Kapitel 4.2 (Seite 63) zur Illustration eines Streudiagramms verwendet haben, und sehen wir uns das Streudiagramm noch einmal genauer an.

Die gemessenen Werte der beiden metrischen Merkmale »Alter« und »Bruttomonatsgehalt« bilden in dem Streudiagramm eine mehr oder minder lang gezogene deutlich ansteigende Punktewolke.

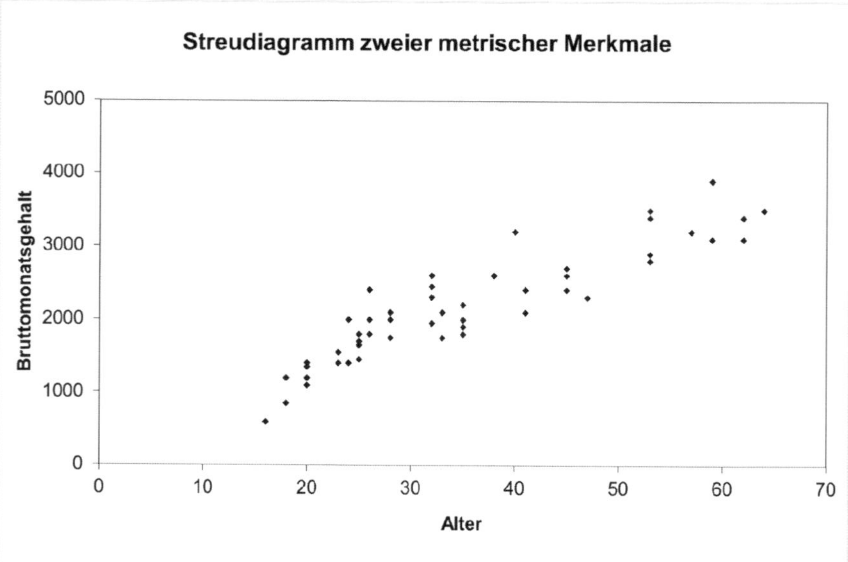

Abb. 6.1: Linearer positiver Zusammenhang der Merkmale »Alter« und »Gehalt« im Streudiagramm

Einen in der Tendenz linearen Zusammenhang zwischen dem Alter und dem Gehalt anzunehmen, scheint auf der Grundlage dieser Daten durchaus gerechtfertigt zu sein.

Die Aufgabe besteht nun darin, diesen linearen Zusammenhang in einer mathematischen Funktion wiederzugeben. Diese einfache lineare Funktion ist eine Gerade mit der Geradengleichung $\hat{y} = a + b \cdot x$.

Erinnern wir uns an die angesprochene asymmetrische Behandlung der beteiligten Merkmale, dann stellt das Merkmal y das abhängige und das Merkmal x das unabhängige Merkmal dar. Wichtig ist aber zu erkennen, dass nicht y selbst von x gemäß dieser linearen Funktion abhängt. Der wahre Zusammenhang ist ja – wie die Punktewolke zeigt – alles andere als linear. Insofern erhalten wir mit einer solchen linearen Funktion lediglich theoretische (prognostizierte bzw. erwartete) Werte von y für bestimmte Werte von x. Diese bezeichnen wir mit $\hat{y}$. Aber welche Gerade gibt nun den erkennbar linearen Verlauf am besten wieder?

Um diese Frage zu beantworten, versuchen wir eine Gerade, so in die Punktewolke der Beobachtungswertpaare zu legen, dass wir den linearen Trend damit gut erfassen und zugleich ein spezielles Kriterium erfüllen. Es handelt sich um das sog. **Minimum-Quadrat-Kriterium** (MQ-Kriterium), das besagt, dass die »richtige« **Regressionsgerade** jene Gerade ist, für die die Summe der quadrierten Abweichungen aller Punkte von der Geraden minimal ist. Mit einfachen Worten ausgedrückt, ist die Gerade die beste, die allen Punkten »am Nächsten« liegt.

Mathematisch liegt der MQ-Methode ein Minimierungsproblem zu Grunde, das wir an dieser Stelle nicht weiter verfolgen wollen, zumal einem meistens der Computer die Berechnung abnimmt. Allerdings interessiert uns das Ergebnis und was es am Ende aussagt.

Obige Geradengleichung weist zwei Parameter auf; nämlich a und b. Der Parameter a stellt den Achsenabschnitt dar und gibt jenen Wert an, bei dem die Gerade die Ordinate (y-Achse) schneidet. Der Parameter a wird auch als **Absolutglied** bezeichnet.

Der Parameter b bestimmt die Steigung der Geraden. Er entspricht dem **Regressionskoeffizienten**. Hat der Regressionskoeffizient ein positives Vorzeichen, verläuft die Gerade ansteigend, hat er ein negatives Vorzeichen, fällt sie ab.

Offensichtlich hängt der Regressionskoeffizient irgendwie mit dem Korrelationskoeffizienten zusammen, denn auch der Korrelationskoeffizient zeigt durch sein Vorzeichen die Richtung des linearen Zusammenhangs zweier Merkmale an. Es ist tatsächlich so, dass bei einer positiven Korrelation auch *b* positiv und bei negativem Korrelationskoeffizienten auch *b* negativ ist. Allerdings kann vom Korrelationskoeffizienten alleine noch nicht auf die Steilheit der Geraden geschlossen werden.

Wie lauten aber nun die Lösungen für die Parameter der Regressionsgeraden? Den Steigungskoeffizienten erhält man gemäß folgender Formel:

$$b = \frac{\sum_{i=1}^{n}(x_i - \overline{x})(y_i - \overline{y})}{\sum_{i=1}^{n}(x_i - \overline{x})^2}$$

Hat man bei früheren Analysen schon die Standardabweichungen und den Korrelationskoeffizienten berechnet, dann kann man damit *b* schneller berechnen, und zwar über die Formel:

$$b = r_{xy} \cdot \frac{s_y}{s_x}$$

Aus *b* lässt sich dann folgendermaßen auf das Absolutglied *a* schließen:

$$a = \overline{y} - b \cdot \overline{x}$$

Für unser Beispiel erhalten wir für $b = 337{,}36$ und für $a = 51{,}61$. Damit ist die Regressionsgerade, die nach dem MQ-Kriterium den linearen Zusammenhang am besten wiedergibt, die folgende:

$$\hat{y} = 337{,}36 + 51{,}61 \cdot x$$

Abbildung 6.2 (Seite 107) zeigt diese Regressionsgerade eingezeichnet in die Punktewolke. Sie liegt tatsächlich »mittendrin« und zeigt uns schön den linearen Trend.

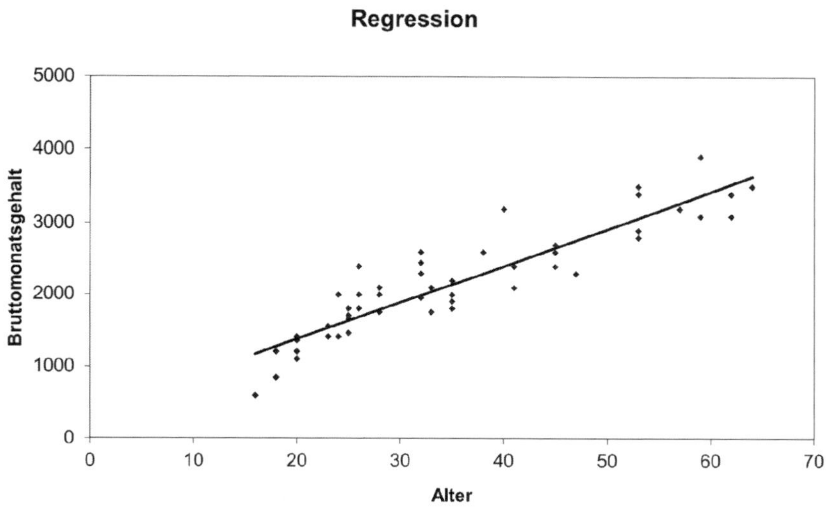

Abb. 6.2: Optimale Regressionsgerade für linearen Zusammenhang zweier Merkmale

Die Regressionsgerade ist optimal an die Beobachtungswertepaare angepasst. Dennoch erkennen wir, dass einige Punkte noch weit von der Geraden entfernt liegen, während sich andere sehr dicht an der Geraden befinden.

Messen wir die Abweichung, die jeder Punkt nun noch von der Regressionsgeraden hat, obwohl wir nach der MQ-Methode eine optimale Gerade ermittelt haben, müssen wir feststellen, dass die Summe der Abweichungen gleich 0 ist. Das ist eine Folge des MQ-Ansatzes.

Die nicht durch die Regression erklärbaren Abweichungen nennt man **Residuen**. Sie entsprechen gerade den Differenzen zwischen dem jeweiligen beobachteten und dem theoretischen y-Wert. Je kleiner sie sind bzw. je näher die beobachteten Merkmalswerte an der oder sogar auf der Geraden liegen, umso besser ist die Regression und umso stärker ist natürlich die lineare Abhängigkeit.

Um objektiv beurteilen zu können, wie gut die Anpassung nun tatsächlich ist, bedient man sich wieder eines Gütemaßes. Es handelt sich um das sog. **Bestimmtheitsmaß**, das meist mit r^2 bezeichnet wird. Es sagt uns, wie gut die lineare Regression ist, und damit, wie gut die abhängige Variable linear durch die unabhängige Variable erklärt werden kann.

Die Bezeichnung r^2 kommt nicht von ungefähr. Das Bestimmtheitsmaß ist nämlich nichts anderes als der Korrelationskoeffizient *r* zum Quadrat. Damit ist aber auch klar, welche Werte das Bestimmtheitsmaß annehmen kann, und letztlich auch, wie diese Werte zu interpretieren sind.

Da der Korrelationskoeffizient nur Werte in einem Bereich zwischen −1 und +1 annehmen kann, wird der Wertebereich des Bestimmtheitsmaßes durch das Quadrieren auf 0 bis 1 beschränkt.

Der Wert 0 besagt, dass *y* von *x* nicht linear abhängt; der Erklärungswert oder Erklärungsgehalt gleich Null ist. Dagegen sagt uns ein Wert von 1, dass *y* von *x* vollkommen, d. h. perfekt linear abhängt. In so einem Fall liegen alle Punkte im Streudiagramm auf der Regressionsgerade. Das aber wird bei empirisch erhobenen Daten wohl eher selten vorkommen.

Um das Bestimmtheitsmaß korrekt interpretieren zu können, müssen wir noch kurz auf die sog. **Streuungszerlegung** eingehen.

Die gesamte Streuung (Varianz) des abhängigen Merkmales *y* (um seinen Mittelwert) lässt sich im Rahmen der linearen Regression in zwei Teile zerlegen. Demnach kann ein Teil dieser Streuung durch die Abhängigkeit vom Regressor *x* erklärt werden (erklärte Streuung). Wenn sich *x* verändert, wirkt sich das doch auch in gewissem Maße auf *y* aus. Das ist ja gerade der durch die Regressionsgerade erfasst Zusammenhang.

Die nun noch verbleibenden Residuen bilden zusammen den zweiten Teil der Streuung (die Reststreuung). Das Bestimmtheitsmaß misst gerade den Anteil der erklärten Streuung an der Gesamtstreuung des abhängigen Merkmals.

In unserem Beispiel erhalten wir mit $r^2 = 0{,}8303$ einen relativ hohen Wert. Er besagt, dass wir 83,03 % der Streuung des Bruttogehalts durch das Alter erklären können.

Auf der Basis des ermittelten linearen Zusammenhangs können wir nun bspw. auch für jedes Alter einen Wert für das Bruttomonatsgehalt »prognostizieren«.

Möchten wir z. B. wissen, mit welchem Gehalt ein 50-Jähriger in der Produktionsabteilung im Durchschnitt rechnen kann, müssen wir dazu nur den Wert $x = 50$ in die Regressionsgerade einsetzen und erhalten mit $\hat{y} = 2.917,86$ das geschätzte Gehalt für dieses Alter.

Betrachten wir ein weiteres Beispiel aus der betrieblichen Praxis. Geplant ist eine massive Reduzierung der geleisteten Überstunden in der Produktionsabteilung. Es wird vermutet, dass eine solche Reduzierung negative Auswirkungen auf die Produktionsmenge haben wird. Nun soll in dem Zusammenhang folgendes überprüft werden:

- Wie sieht der Zusammenhang zwischen der Produktionsmenge und der Anzahl der Überstunden aus?
- Was hätte eine Reduzierung der Überstunden auf Null für eine Basisproduktionsmenge zur Folge?
- Wie weit darf die Reduzierung erfolgen, damit gegebenenfalls eine Mindestproduktionsmenge von monatlich 1.000 Stück noch gewährleistet werden kann?

Die zentrale Zeiterfassung erlaubt es, auf die Anzahl aller in der Produktionsabteilung geleisteten Überstunden der letzten zwölf Monate zurückzugreifen. Die Produktionsmengen für diesen Zeitraum liegen ebenfalls vor (Tabelle 6.1). Mithilfe der linearen Regression wollen wir nun alle oben gestellten Fragen beantworten.

Monat	**Anzahl geleisteter Überstunden**	**Produktionsmenge (in Stück)**
Januar	350	1.400
Februar	220	1.200
März	230	1.300
April	300	1.400
Mai	150	1.200
Juni	260	1.300
Juli	150	1.200
August	50	1.000
September	130	1.100
Oktober	290	1.200
November	270	1.400
Dezember	210	1.300
Summe	*2.610*	*15.000*

Tab. 6.1: Überstunden und Produktionsmenge im monatlichen Vergleich

Ein Streudiagramm lässt unsere Wahl auf eine lineare Funktion der Form $\hat{y} = a + b \cdot x$ fallen, und zwar mit der abhängigen Variablen »Produktionsmenge« (y) und dem Regressor »Anzahl geleisteter Überstunden« (x).

Berechnen wir den Regressionskoeffizienten gemäß obiger Formel, erhalten wir für b den Wert 1,2685 und für das Absolutglied a den Wert 974,09.

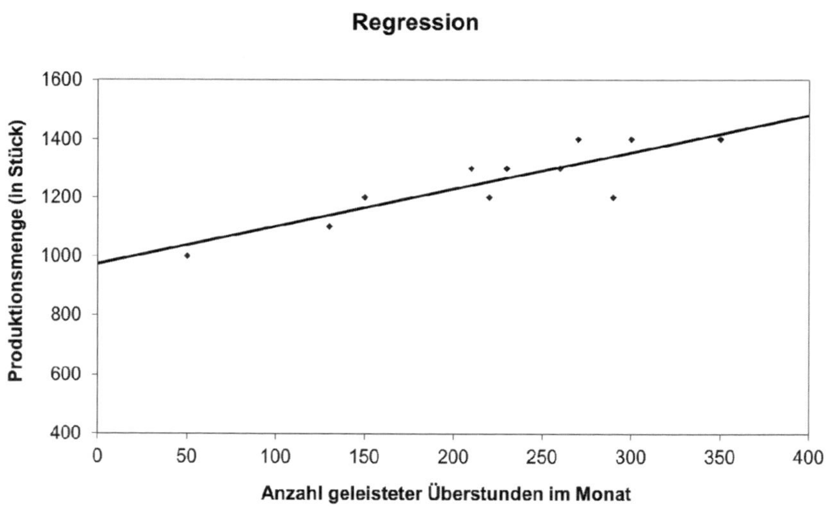

Abb. 6.3: Optimale Regressionsgerade für den linearen Zusammenhang zwischen »Überstunden« und »Produktionsmenge«

Damit sieht die Regressionsgleichung wie folgt aus:

$$\hat{y} = 974{,}09 + 1{,}2685 \cdot x$$

Wir wissen also, dass mit der Anzahl der Überstunden auch die produzierte Menge steigt. Bei im Durchschnitt 217,5 geleisteten Überstunden ist mit einer produzierten Menge von 1.250 Stück zu rechnen. Jede Erhöhung um 10 zusätzliche Überstunden wirkt sich in einer absoluten Zunahme von 1,2685 mal 10 = 12,685 zusätzlich produzierter Stücke aus.

Die Basismenge, die ganz ohne Überstunden produziert wird, entspricht gerade dem Wert des Absolutgliedes, also 974,09 Stück. Sollte die Anzahl der Überstunden auf Null reduziert werden, kann die Mindestproduktionsmenge von monatlich 1.000 Stück nicht eingehalten werden.

Daraus können wir aber auch umgekehrt jene Anzahl an Überstunden ermitteln, die für eine Mindestmenge von 1.000 Stück nicht unterschritten werden sollte. Setzen wir $\hat{y} = 1.000$ in die Regressionsgerade ein und lösen nach x auf, erhalten wir mit $x = 20{,}43$ die Lösung.

Praxistipp zum Präsentieren:

Die Regression ist eine einfache und zugleich eindrucksvolle Methode, den Zusammenhang zwischen zwei Merkmalen aufzuzeigen. Deshalb wird Sie immer gerne zu Präsentationszwecken verwendet. Achten Sie aber darauf, dass die Regression grundsätzlich nur für metrische Merkmale gedacht ist.

6.2 Die nichtlineare und die Mehrfachregression

Wenn wir uns die Punktewolke in einem Streudiagramm ansehen, können wir in den allermeisten Fällen von einem in der Tendenz linearen Zusammenhang ausgehen. Durch eine Gerade lässt sich die lineare Beziehung dann optimal annähern.

Erkennen wir an den Daten aber oder wissen wir bereits, dass ein nichtlinearer Verlauf den Zusammenhang besser abbildet, besteht die Aufgabe im Rahmen der Regressionsrechnung lediglich darin, eine »passende« nichtlineare Funktion zu finden, die wieder »mittendrin« in der Punktewolke liegt.

Nun gibt es eine ganze Reihe von geeigneten Funktionen zwischen dem abhängigen Merkmal y und dem unabhängigen Merkmal x, die nichtlineare Abhängigkeiten gut beschreiben. Wir wollen an dieser Stelle nur jene Funktionen kurz erwähnen, mit denen man prinzipiell dazu in der Lage ist, die Parameter analog wie im Falle der linearen Einfachregression zu bestimmen.

Eine solche Funktion ist die Potenzfunktion $y = a \cdot x^b$.

Sie enthält wie die Regressionsgerade die beiden Merkmale *y* und *x* und auch zwei Parameter *a* und *b*, ist aber unverkennbar nichtlinear.

Durch eine einfache mathematische Transformation wird aus dieser Funktion wieder eine lineare Gleichung. Durch Logarithmieren des gesamten Ansatzes z. B. mit dem natürlichen Logarithmus folgt aus ihr nämlich:

$$\ln(y) = \ln(a) + b \cdot \ln(x)$$

Ersetzt man z. B. ln(*y*) durch y^*, ln(*x*) durch x^* und schreibt für ln(*a*) nun a^*, haben wir einen linearen Zusammenhang vorliegen, dessen Parameter a^* und *b* wir wie im Falle der linearen Regression ermitteln können.

Auch wenn einem i. d. R. das Analyseprogramm diese Arbeit abnimmt, wollen wir sie kurz anhand eines Zahlenbeispiels vorführen.

Für die beiden Merkmale *x* und *y* liegen jeweils 10 Beobachtungswerte vor (Tabelle 6.2, Seite 113). Lassen wir uns die Beobachtungswerte in einem Streudiagramm anzeigen, erkennen wir deutlich einen nichtlinearen Zusammenhang (Abbildung 6.4).

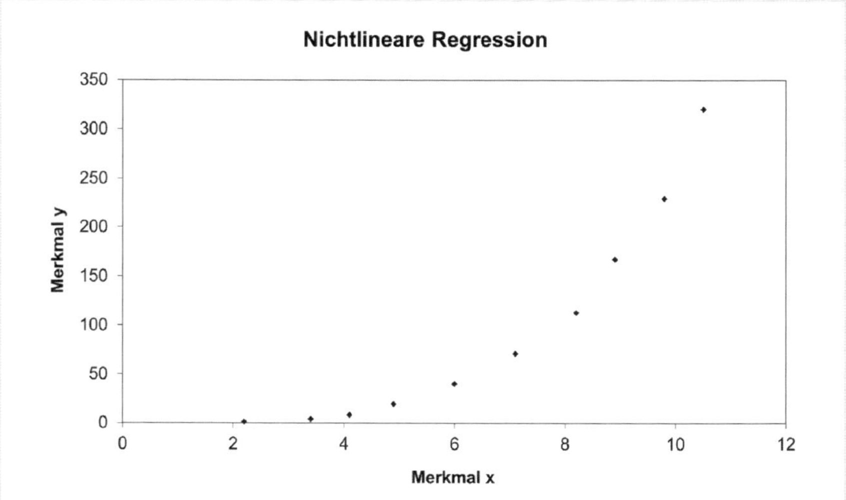

Abb. 6.4: Nichtlinearer Zusammenhang zwischen zwei Merkmalen

Wir versuchen unser Glück mit der Potenzfunktion $y = a \cdot x^b$ und transformieren sie in einen linearen Ansatz der Form $\ln(y) = \ln(a) + b \cdot \ln(x)$, wobei gelten soll: $\ln(y) = y^*$, $\ln(x) = x^*$ und $\ln(a) = a^*$.

Für die so entstandene Geradengleichung $y^* = a^* + b^* \cdot x^*$ können wir mit der MQ-Methode die Parameter a^* und b bestimmen.

x	y	ln(x) = x*	ln(y) = y*
2,2	1,1	0,79	0,10
3,4	3,9	1,22	1,36
4,1	8,4	1,41	2,13
4,9	19,4	1,59	2,97
6,0	40,1	1,79	3,69
7,1	71,3	1,96	4,27
8,2	113,1	2,10	4,73
8,9	167,4	2,19	5,12
9,8	229,5	2,28	5,44
10,5	320,1	2,35	5,77

Tab. 6.2: Linearisierung eines nichtlinearen Regressionsansatzes

Für b erhalten wir 3,69 und für a^* den Wert −2,964. Die Regressionsgerade $\hat{y}^* = -2{,}964 + 3{,}69 \cdot x^*$ gibt die *lineare Beziehung der logarithmierten Merkmalswerte* schön wieder (Abbildung 6.5, Seite 114).

Sind wir nun schon am Ende? Nein, wir haben lediglich die optimale Anpassung für den transformierten, linearisierten Zusammenhang ermittelt. Unser eigentliches Anliegen bestand ja darin, den ursprünglich nichtlinearen Verlauf durch eine passende Funktion anzunähern.

Also müssen wir unsere vorgenommene Transformation der Parameter wieder rückgängig machen. Aus a wurde durch Logarithmieren a^*, also gilt: $a^* = \ln(a)$. Den Wert für a^* haben wir ermittelt, wodurch wir durch $a = e^{a^*} = e^{-2{,}964} = 0{,}052$ den gesuchten Wert a erhalten. Der Koeffizient b aus dem ursprünglichen Ansatz wurde nicht verändert, deshalb gilt weiterhin: $b = 3{,}69$.

Die Regressionskurve lautet also letztlich: $\hat{y} = 0{,}052 \cdot x^{3{,}69}$

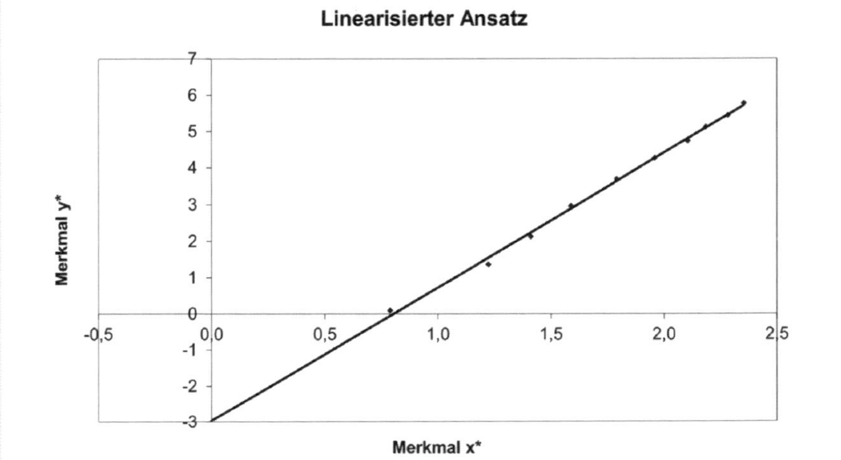

Abb. 6.5: Linearisierter Zusammenhang zwischen zwei Merkmalen

Wir können den Verlauf der Regressionskurve wieder im Streudiagramm einzeichnen (lassen) und erkennen die optimale Anpassung an die Daten, die damit gelungen ist (Abbildung 6.6).

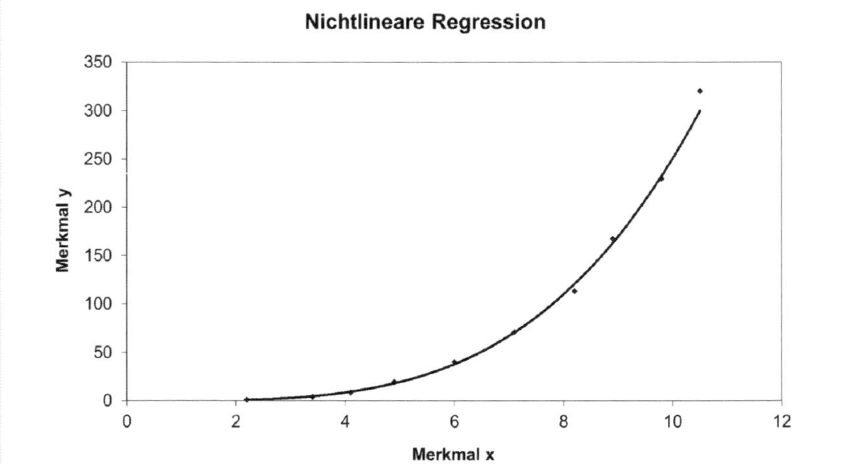

Abb. 6.6: Regressionskurve einer nichtlinearen Regression

Einige weitere gängige nichtlineare, aber linearisierbare Funktionstypen enthält Tabelle 6.3.

Funktion	Bezeichnung	Linearisierte Form
$y = a \cdot b^x$	Exponentielle Funktion	$\ln(y) = \ln(a) + \ln(b) \cdot x$
$y = a \cdot e^{b \cdot x}$	Exponentialfunktion	$\ln(y) = \ln(a) + b \cdot x$
$y = a + bx + cx^2$	Quadratische Funktion (Polynom 2. Grades)	ist bereits linear

Tab. 6.3: Nichtlineare, aber linearisierbare Regressionsansätze

Die zuletzt genannte quadratische Funktion beinhaltet als einzige drei Parameter (*a*, *b* und *c*). Zur herkömmlichen Regressionsgeraden $y = a + b \cdot x$ kommt der Term $c \cdot x^2$ dazu. Dabei stellt x^2 quasi eine zusätzliche unabhängige Variable dar mit *c* als zugehörigem Koeffizienten. Wir haben hier also rein rechentechnisch zwei Regressoren und verlassen damit die Einfachregression, die nur ein unabhängiges Merkmal vorsieht.

Allgemein können zu einer abhängigen Variablen beliebig viele unabhängige Merkmale modelliert werden. Man spricht dann von der **multiplen Regression** oder **Mehrfachregression** (bzw. Zwei-, Dreifachregression etc. bei zwei, drei etc. Regressoren).

Im Falle einer Zweifachregression erhält man eine Punktewolke von Beobachtungswerten in einem dreidimensionalen Raum, durch die eine **Regressionsebene** wiederum optimal, d. h. unter Minimierung der quadrierten Abweichungen, gelegt wird. Sie hat dann die allgemeine funktionale Form:

$$\hat{y} = b_0 + b_1 \cdot x_1 + b_2 \cdot x_2$$

Alle Koeffizienten erhalten die Bezeichnung *b* und werden durchnummeriert, sodass zum Merkmal x_1 der Koeffizient b_1, zu x_2 der Koeffizient b_2 gehört (im Falle weiterer Regressoren ginge die Nummerierung in dieser Art weiter). Damit bleibt für das Absolutglied — um bei einer einheitlichen Bezeichnung zu bleiben — nur b_0 übrig.

Es ist doch oftmals durchaus einleuchtend, anzunehmen, dass eine statistische Größe nicht nur von einer, sondern von mehreren anderen Merkmalen abhängt. Die Nachfrage hängt eben z. B. nicht nur vom Preis des Gutes, sondern auch vom Einkommen der Nachfrager oder den Preisen von Substitutionsgütern ab, der Sparanlagebetrag neben dem verfügbaren Einkommen sicher auch vom Zinsniveau, das Bruttomonatsgehalt bestimmt nicht nur vom Alter usw.

Die Ermittlung der optimalen Koeffizienten wird von Analyseprogrammen übernommen, weil Programme die hierfür nötigen Matrizenoperationen viel schneller und sicherer durchführen als der Mensch. Niemand rechnet eine Mehrfachregression, ja nicht einmal eine Einfachregression von Hand, wenn das Ergebnis per Mausklick in Sekundenbruchteilen verfügbar ist.

Die Berechnung ist also meistens gar nicht so sehr das Problem. Wichtiger ist es vielmehr, zu wissen, *was* gerechnet wurde, also die Resultate zu verstehen und dann auch richtig interpretieren zu können.

6.3 Besonderheiten von Zeitreihen

Verlassen wir den kurzen Ausflug hin zur Mehrfachregression und wenden wir uns wieder einer speziellen Form der linearen Abhängigkeit nur zweier Merkmale zu.

Erinnern wir uns dazu an die Umsatzentwicklung, die uns bereits in Kapitel 4.1 (Seite 38) bei der grafischen Darstellung statistischer Größen mithilfe von Liniendiagrammen begegnet ist, und erweitern wir die Umsatzbetrachtung aus Tabelle 4.10 (Seite 57) um weitere zwei Jahre. Damit liegen uns insgesamt 16 Beobachtungswerte für den Gesamtquartalsumsatz vor.

Nr.	Zeitpunkt	Umsatz	Nr.	Zeitpunkt	Umsatz
1	1. Q 2012	0,765	9	1. Q 2014	0,985
2	2. Q 2012	0,705	10	2. Q 2014	0,877
3	3. Q 2012	0,811	11	3. Q 2014	1,021
4	4. Q 2012	0,905	12	4. Q 2014	1,256
5	1. Q 2013	0,849	13	1. Q 2015	1,055
6	2. Q 2013	0,814	14	2. Q 2015	0,975
7	3. Q 2013	0,988	15	3. Q 2015	1,122
8	4. Q 2013	1,023	16	4. Q 2015	1,296

Tab. 6.4: Zeitreihenwerte der Quartalsumsätze

Tragen wir die Umsätze gegen die Zeitperioden ab (wobei wir die Perioden, weil sie alle dieselbe Zeitspanne angeben, der Einfachheit halber von 1 bis 16 durchnummerieren können) und verbinden wir die Punkte sukzessive linear miteinander, dann erhalten wir das uns vertraute Liniendiagramm (Abbildung 6.7).

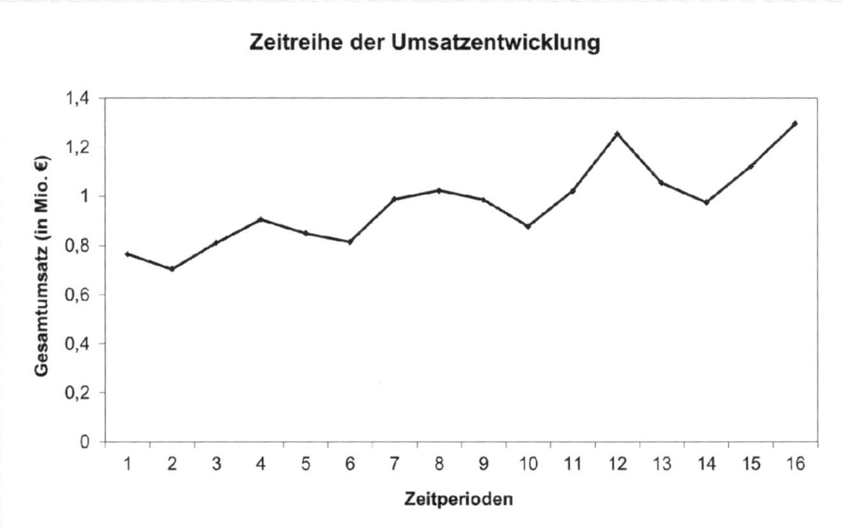

Abb. 6.7: Zeitreihe der Quartalsumsatzentwicklung

Es liegt somit eine Zeitreihe der Umsätze vor, die die zeitliche Entwicklung angibt. Auf der Abszisse haben wir die Zeitperioden stehen und auf der Ordinate die Umsätze.

Um den zeitlichen Trend in einem linearen Ansatz anzunähern, läge nichts näher als eine lineare Regression mit dem Umsatz als abhängiges Merkmal und der Zeitvariablen als Regressor. Die lineare Funktion könnte folgendermaßen gewählt werden:

$$\hat{y} = a + b \cdot t$$

wobei wir anstelle des üblichen x nunmehr t als Bezeichnung für die unabhängige Variable verwenden können. t ist die Zeitvariable (Abkürzung für lat. *tempo* = Zeit). Sie nimmt hier einfach die Werte von 1 bis 16 an. Nach Durchführung der nun vertrauten Berechnung lautet die Regressionsgerade für obige Werte:

$$\hat{y} = 0{,}715 + 0{,}0295 \cdot t$$

Damit haben wir den linearen Trend der Zeitreihe erfasst. Eine Besonderheit von Zeitreihen ist jedoch, dass in vielen Fällen der (lineare) Trend nur eine von mehreren **Komponenten** ist, in die eine Zeitreihe »zerlegt« werden kann.

Sehen wir uns nämlich den Polygonzug näher an, erkennen wir den **linearen Trend**, der die langfristige Entwicklungstendenz angibt, zwar recht gut, darüber hinaus fallen uns aber auch immer wiederkehrende regelmäßige Schwankungen im Jahresverlauf auf.

Den Jahrestiefpunkt erreicht der Umsatz jeweils im 2. Quartal. Ihm folgen zwei Quartale mit Zuwächsen und anschließend zwei Quartale mit Umsatzrückgängen.

Bei diesen Jahres-Auf-und-Abs handelt es sich um sog. **Saisonschwankungen**, einem typischen Phänomen bei Zeitreihen. Mehr ist in unserer relativ kurzen Umsatzzeitreihe nicht zu erkennen.

Bei längerfristigen Zeitreihen treten dagegen oft zusätzlich noch sog. **Konjunkturschwankungen** auf. Damit sind mehrjährige wellenartige Schwankungen gemeint. Ökonomische Größen wie das Bruttoinlandsprodukt oder auch Aktienkursverläufe, deren Entwicklung über viele Jahre hinweg analysiert wird, weisen meist derartige Schwankungen auf.

Der längerfristige Trend muss nicht — wie hier — zwangsläufig linear sein. Natürlich sind auch nichtlineare Trends denkbar, die dann wiederum mithilfe nichtlinearer Regressionsansätze bestimmt werden können.

6.4 Sind Prognosen möglich?

Was wir mit der Regressionsrechnung erreichen, ist ausschließlich die Beschreibung der vorliegenden Beobachtungswerte mithilfe geeigneter Regressionsgleichungen. Die Betonung liegt hierbei auf *Beschreibung*.

Die Regressionsgerade (oder Regressionskurve) leistet nur eine optimale Anpassung an die vorliegenden Daten. Es wird lediglich ein mittlerer oder durchschnittlicher Zusammenhang beschrieben. Aussagen über den Zusammenhang der Merkmale, die über die vorliegenden Beobachtungswerte hinausgehen, dürften damit eigentlich nicht verbunden werden. Gemeint sind Aussagen bezüglich einer hinter den Werten stehenden Grundgesamtheit, der die Beobachtungsdaten quasi als Stichprobe entstammen.

Methoden, die Zusammenhänge der Grundgesamtheit quantifizieren (schätzen) oder verwerfen (testen), werden wir im weiteren Verlauf noch kennen lernen. Im Rahmen der Regression leistet dies die sog. **Regressionsanalyse**, die streng von der nur beschreibenden Regressionsrechnung zu trennen ist und zu den Verfahren der schließenden Statistik gehört.

Achtung: !

Eine Regressionsrechnung ist keine Regressionsanalyse! Die Regressionsrechnung erlaubt nur die Beschreibung der vorliegenden Daten.

In der Praxis hält sich kaum jemand an die Unterscheidung zwischen Regressionsrechnung und Regressionsanalyse. In praktischen Anwendungen werden z. B. mithilfe der Regressionsgeraden Werte der abhängigen Variablen, die über das Beobachtungsspektrum hinausgehen, prognostiziert. Diese Werte liegen aber eigentlich außerhalb des Gültigkeitsbereichs der Geraden. Der erhaltene Prognosewert sollte nur mit äußerster Vorsicht als der »wahre« Wert angesehen werden. Es wird dabei nämlich angenommen, dass die Regressionsbeziehung auch »außerhalb« der vorliegenden Daten gilt, wovon keineswegs immer ausgegangen werden kann.

Praxistipp zum Präsentieren:

Behalten Sie stets im Hinterkopf (und weisen Sie bei Bedarf darauf hin), dass sich die ermittelte Regressionsfunktion lediglich optimal an die vorliegenden Daten anpasst. Aussagen darüber, wie der Verlauf »außerhalb« des Betrachtungshorizonts aussieht, sind ohne weitere Analysen rein spekulativ.

Um »statistisch abgesicherte« Vorhersagen machen zu können, benötigen wir ein Instrumentarium, das wir im nächsten Kapitel behandeln werden: die Wahrscheinlichkeitsrechnung.

! **Zusammenfassung:**

Die Regressionsrechnung, eines der bedeutendsten statistischen Verfahren, wenn es darum geht, den Zusammenhang von Merkmalen zu beschreiben, war Gegenstand dieses Kapitels.

Mit der Regression lässt sich die Abhängigkeit eines Merkmals von einem oder mehreren anderen Merkmalen mathematisch formal beschreiben. Die lineare Einfachregression ist hierbei die einfachste Möglichkeit, die asymmetrische Abhängigkeit zweier Merkmale zu modellieren.

Wir haben uns sowohl mit dem diesbezüglichen Regressionsansatz, der dahinter stehenden Methode wie auch mit der Schätzung der Regressionskoeffizienten beschäftigt. Dabei haben wir versucht, die Möglichkeiten und Grenzen der Regressionsrechnung anhand von Beispielen aufzuzeigen.

Die Besonderheiten bei zeitlichen Entwicklungen von Merkmalen wie auch die Modellierung nichtlinearer Abhängigkeiten zwischen zwei Merkmalen wurden ebenfalls in ihren Grundzügen behandelt.

7 So funktioniert die Wahrscheinlichkeitsrechnung

Hier erfahren Sie ... !

- ... was man unter einer Wahrscheinlichkeit versteht.
- ... wie Sie mit Wahrscheinlichkeiten rechnen.
- ... was ein Zufallsvorgang ist.
- ... wann man von einer Zufallsvariablen spricht.
- ... was eine Wahrscheinlichkeitsverteilung ist.
- ... welche theoretischen Verteilungen existieren.
- ... warum die Normalverteilung so wichtig ist.

Die Wahrscheinlichkeitsrechnung ist ein breites Feld, ganze Lehrbücher befassen sind allein mit ihr. Eigentlich ist sie ein Teilgebiet der Mathematik. Ihre wesentlichen Grundlagen wurden bereits im 16. Jahrhundert gelegt, und zwar um mit ihr — wen wundert es — die Gewinnchancen beim Glücksspiel zu bestimmen.

Dass das Glücksspiel ein typisches Anwendungsgebiet der Wahrscheinlichkeitsrechnung ist, dem stimmen wohl noch die meisten Leser uneingeschränkt zu. Ob es sich nun um einfache Würfelspiele vor 400 Jahren, Kartenspiele wie Poker oder Black Jack oder unsere heutigen Formen des Lottospiels handelt, immer lässt sich mit Kenntnissen der Wahrscheinlichkeitsrechnung die Gewinnchance ermitteln.

Natürlich ist die Wahrscheinlichkeitsrechnung nicht auf die Anwendung beim Glücksspiel beschränkt, aber solche Beispiele vereinfachen aufgrund ihrer Anschaulichkeit und aufgrund der Tatsache, dass man mit ihnen auch real etwas anfangen kann, erfahrungsgemäß den Zugang zu ihr.

Bei der Wahrscheinlichkeitsrechnung ist nämlich — man glaubt es kaum — nichts so sehr gefragt wie logisches Denkvermögen.

Wir werden uns mit der Wahrscheinlichkeitsrechnung nur insoweit beschäftigen, wie sie für das Verständnis der auf ihr beruhenden schließenden Statistik unbedingt nötig ist.

Die Methoden der schließenden Statistik haben das Ziel, die Erkenntnisse, die man aus den Daten einer Teilgesamtheit gezogen hat, auf eine dahinter stehende Grundgesamtheit zu übertragen. Um beurteilen zu können, wie gut uns diese Übertragung gelingt, benötigen wir die Wahrscheinlichkeitsrechnung.

7.1 Die Grundbegriffe

Die wichtigsten Grundbegriffe und Regeln der Wahrscheinlichkeitsrechnung zu kennen, ist eine Grundvoraussetzung für den Umgang mit Wahrscheinlichkeiten. Wir versuchen, uns die wesentlichen Grundkenntnisse anhand eines — der Leser möge mir verzeihen — Beispiels aus dem Glücksspielbereich anzueignen.

7.1.1 Wahrscheinlichkeiten und Rechenregeln

Beginnen wir damit, dass wir einen Würfel, von dem wir annehmen, dass er »fair« (d. h. nicht manipuliert) ist, einmal werfen. Vor dem Wurf wissen wir natürlich nicht, welches Ergebnis eintreten wird; Das Ergebnis hängt ganz einfach vom Zufall ab.

Da wir diesen Würfelwurf zudem prinzipiell beliebig oft wiederholen können, ohne dass sich daran etwas ändert, haben wir es mit einem sog. **Zufallsexperiment** zu tun. (Weitere Beispiele aus dem Glücksspielbereich wären die Lottoziehung oder das Roulettespiel.)

Die möglichen Ergebnisse beim Werfen eines Würfels sind die Augenzahlen 1, 2, 3, 4, 5 oder 6. Jedes dieser Ergebnisse kann mit einer bestimmten Wahrscheinlichkeit eintreten. Ich wage zu behaupten, dass jeder hierfür die Wahrscheinlichkeit 1/6 veranschlagen würde. Wie hoch wäre wohl die Wahrscheinlichkeit, eine gerade Augenzahl zu werfen? Natürlich 1/2.

Sie werden sagen: Das ist einfach, und ich stimme Ihnen hier voll zu. Überlegen wir dennoch kurz, wie wir auf die beiden Wahrscheinlichkeiten gekommen sind.

Im ersten Fall ist nur jeweils ein Ergebnis das Richtige, und das bei insgesamt sechs möglichen Ergebnissen. Also teilen wir 1 durch 6. Im zweiten Fall zählen wir für das **Ereignis** »gerade Augenzahl« drei Möglichkeiten und dividieren erneut durch die Anzahl aller möglichen Ergebnisse (3/6 = 1/2).

Ohne es zu ahnen haben wir damit den Begriff der Wahrscheinlichkeit bereits richtig erfasst. Ganz klassisch ist die Wahrscheinlichkeit eines zufälligen Ereignisses nämlich definiert als *der Quotient aus der Zahl der für das Ereignis günstigen Fälle und der Zahl aller möglichen gleichwahrscheinlichen Fälle.*

Für alle möglichen Ereignisse, die der einmalige Würfelwurf hergibt, können wir auf diese Weise Wahrscheinlichkeiten berechnen. Einige Beispiele hierzu enthält Tabelle 7.1:

Ereignis	Für das Ereignis günstige Fälle	Wahrscheinlichkeit
»ungerade Augenzahl«	1, 3, 5	3/6 = 1/2
»Augenzahl ohne Rest durch 3 teilbar«	3, 6	2/6 = 1/3
»Augenzahl größer als 6«	keine	0
»Augenzahl kleiner als 7«	1, 2, 3, 4, 5, 6	6/6 = 1

Tab. 7.1: Mögliche Ereignisse beim einmaligen Würfelwurf und deren Wahrscheinlichkeit

Ereignisse wie im Beispiel »Augenzahl größer als 6« nennt man **unmögliche Ereignisse**. Sie haben eine Wahrscheinlichkeit von Null.

Ein Ereignis wie »Augenzahl kleiner als 7«, für die alle möglichen Ergebnisse »günstig« sind, sind **sichere Ereignisse**. Sie haben eine Wahrscheinlichkeit von Eins.

Bei diesem zugegebenermaßen wenig komplexen Beispiel können wir die Anzahl der für ein Ereignis günstigen bzw. die Anzahl aller möglichen Ergebnisse einfach abzählen.

Bei komplizierteren Zufallsexperimenten ist dies aber ohne geeignete Hilfsmittel nicht mehr so leicht möglich oder sogar grundsätzlich unmöglich.

Jeder kennt die Lotterie »6 aus 49« und fast jeder dürfte schon mal die Gewinnchance für einen »Sechser« am eigenen Leib erfahren haben. Die Chancen auf einen 6er, 5er, 4er mit oder ohne Superzahl usw. kann grundsätzlich nach derselben Logik wie beim Würfelwurf – wenngleich nicht durch einfaches Abzählen – ermittelt werden.

Hier bietet die sog. **Kombinatorik** ein Instrumentarium, das bei der Ermittlung der Anzahl der möglichen Fälle für »sechs Richtige« (nämlich hier: 13.938.816) und der Anzahl der für spezielle Ereignisse günstigen Fälle behilflich ist.

Was aber tun, wenn wir die für Ereignisse günstigen Fälle grundsätzlich nicht abzählen können?

Man stelle sich einen Autoversicherer vor, der bei der Festsetzung seiner Prämie »irgendwie« den Schadensverlauf verschiedener Autotypen berücksichtigen will. Konkret wird er für einen Fahrzeugtyp eine höhere Versicherungsprämie verlangen, wenn die Wahrscheinlichkeit für einen Schaden größer ist. Umgekehrt kostet die Versicherung eines Fahrzeugs weniger, wenn es unwahrscheinlicher ist, dass ein Versicherungsschaden eintritt. Wie sollten hierfür »günstige« Fälle für das Ereignis »Schaden tritt ein« ermittelt werden? Unmöglich!

Schauen wir uns an, wie ein Versicherer hier vorgeht. (In der Realität ist die Festsetzung der Prämien natürlich bei weitem komplexer, aber die Grundidee ist dieselbe.)

Der Versicherer wird prüfen, wie oft in der Vergangenheit bei den verschiedenen Fahrzeugtypen Schäden aufgetreten sind. Für Autos, bei denen die Schadenshäufigkeit (natürlich gemessen im Verhältnis zur Anzahl der zugelassenen Fahrzeuge dieses Typs) größer ist, wird er auch in Zukunft mit einer erhöhten Häufigkeit bzw. Wahrscheinlichkeit für einen Schaden rechnen und seine Prämie dementsprechend höher ansetzen.

Damit haben wir erneut den Begriff der Wahrscheinlichkeit für ein Ereignis definiert, nämlich als *Grenzwert der relativen Häufigkeit des Auftretens eines Ereignisses.*

Richtig anschaulich lässt sich das wieder mit unserem einfachen Würfelbeispiel machen. Wir würfeln den Würfel viele Male nacheinander und notieren jedes Mal, wenn wir z. B. die »1« gewürfelt haben.

Nach einmal Würfeln werden wir vielleicht noch keinen Einser haben, vielleicht auch nach dem zweiten oder dritten Wurf nicht. Nach vier Würfen könnte erstmals die »1« geworfen werden, dann vielleicht erst wieder nach dem neunten oder zehnten Wurf.

Wer Zeit und Lust hat, kann dieses Experiment tatsächlich durchführen und den Würfel 100 mal, besser 1.000 mal oder noch öfter werfen. Er wird dann eine ähnliche Häufigkeitsverteilung wie in Tabelle 7.2 erhalten.

Anzahl der Würfelwürfe	Absolute Häufigkeit der Augenzahl 1	Relative Häufigkeit der Augenzahl 1
1	0	0
2	0	0
3	0	0
4	1	0,25
5	1	0,20
10	2	0,20
20	3	0,15
50	9	0,18
100	17	0,17
1.000	175	0,175
5.000	830	0,166

Tab. 7.2: Die Wahrscheinlichkeit als Grenzwert der relativen Häufigkeit beim wiederholten Durchführen eines Würfelwurfs

Wir sehen: Je öfter wir werfen, umso mehr nähern wir uns mit der relativen Häufigkeit der klassischen Wahrscheinlichkeit von 1/6 an. Dies wird als »Gesetz der großen Zahlen« bezeichnet.

Diese Gesetzmäßigkeit konnten wir für das einfache Würfelexperiment nachweisen, weil wir die Wahrscheinlichkeit von 1/6 bereits kannten. Zwar können wir damit keine Wahrscheinlichkeiten exakt bestimmen, aber für die praktische

Anwendung sehen wir darüber hinweg und verwenden im weiteren Verlauf die relative Häufigkeit als »Näherung« für die Wahrscheinlichkeit. Man spricht in diesem Zusammenhang von der sog. statistischen Wahrscheinlichkeit.

Wollen (oder müssen) wir mit Wahrscheinlichkeiten rechnen, empfiehlt es sich, eine entsprechende Notation einzuführen. Nehmen wir für ein Ereignis einfach einen Großbuchstaben (A, B, C usw.). Dann bezeichnen wir mit W(A) die Wahrscheinlichkeit, dass das Ereignis A eintritt.

Es gibt nur einige wenige wichtige Grundregeln für das Rechnen mit Wahrscheinlichkeiten. Auf ihnen beruht die gesamte Wahrscheinlichkeitsrechnung. Zwei davon kennen wir bereits:

$W(A) = 0$ wenn A ein unmögliches Ereignis ist.

$W(A) = 1$ wenn A ein sicheres Ereignis ist.

Existieren zwei Ereignisse, die sich nicht überschneiden, also keine gemeinsamen günstigen Ergebnisse beinhalten (solche Ereignisse heißen unvereinbar oder disjunkt), dann ist die Wahrscheinlichkeit, dass eines der beiden Ereignisse (oder beide) eintreten, gleich der Summe der Einzelwahrscheinlichkeiten. An einem Zahlenbeispiel wird dies deutlich:

Beim einmaligen Werfen eines Würfels umfasst ein Ereignis A die Augenzahlen »1« und »2«, das Ereignis B hingegen nur die Augenzahl »3«. Wir kennen die Einzelwahrscheinlichkeiten für diese beiden Ereignisse: W(A) = 2/6 und W(B) = 1/6.

Wenn wir nun die Wahrscheinlichkeit dafür suchen, dass das Ereignis A *oder* das Ereignis B eintritt, also »1« oder »2« oder »3« gewürfelt wird, dann erhalten wir hierfür einfach die Summe der Einzelwahrscheinlichkeiten: W(A) + W(B) = 2/6 + 1/6 = 3/6 = 1/2.

Das ist eine weitere Grundregel. Man nennt sie Additionssatz:

$W(A \text{ oder } B) = W(A) + W(B)$, wenn A und B unvereinbare Ereignisse sind.

Hätten die Ereignisse A und B »gemeinsame« Ergebnisse, wäre also $W(A \text{ und } B)$ ungleich Null, müsste diese Wahrscheinlichkeit beim Additionssatz noch auf der rechten Seite der obigen Gleichung subtrahiert werden.

Neben dem Additionssatz existiert auch ein Multiplikationssatz. Er besagt, dass man die Wahrscheinlichkeit für das Eintreten zweier unabhängiger Ereignisse erhält, indem man die Einzelwahrscheinlichkeiten miteinander multipliziert. Dieser Satz kann wieder mit einem kleinen Beispiel erläutert werden:

Würfeln wir einen Würfel zweimal, dann dürfen wir doch davon ausgehen, dass das Ergebnis des ersten Wurfes das des nachfolgenden nicht beeinflusst. Insofern haben wir es mit unabhängigen Würfen zu tun. Das mögliche Ereignis, bei einem Wurf eine »1« zu würfeln ist beim ersten und beim zweiten Wurf jeweils gleich 1/6. Die Wahrscheinlichkeit, dass wir nun beim ersten *und* beim zweiten Wurf eine »1« würfeln, ergibt sich nach dem Multiplikationssatz mit 1/6 mal 1/6 = 1/36.

7.1.2 Zufallsvariablen und ihre Wahrscheinlichkeitsverteilung

Wir wissen nun, was eine Wahrscheinlichkeit ist, wie sie ermittelt werden kann und welche Rechenregeln zu beachten sind. Damit sind wir dazu in der Lage, einen Schritt weiter zu gehen und die Wahrscheinlichkeitsverteilung von sog. **Zufallsvariablen** anzugeben.

Eine Zufallsvariable ist nichts anderes als das, was uns in früheren Kapiteln als Merkmal (oder Variable) begegnet ist. Die Voranstellung des Wortes *Zufall* soll betonen, dass die Ausprägungen der Variablen im Grunde die Ergebnisse eines Zufallsvorgangs sind.

Bei Zufallsvariablen unterscheidet man demnach auch nach dem Skalenniveau zwischen nominal, ordinal und metrisch. Auch die Unterscheidung in diskret bzw. stetig finden wir hier wieder. Gerade diese Unterscheidung wird sich auf den konkreten Umgang mit Zufallsvariablen auswirken.

Meistens haben wir es bei den möglichen Ausprägungen von Zufallsvariablen mit Zahlen zu tun. Wenn ein Ereignis wie der Würfelwurf bereits Zahlen als Ergebnisse hat, können wir diese natürlich unverändert übernehmen (sofern wir an der Zufallsvariable »Augenzahl« interessiert sind).

Ist das nicht der Fall, lässt sich eine Zuordnung von Zahlen über eine beliebige Funktion erreichen. Beim dreimaligen Münzwurf könnte als Zufallsvariable »die Anzahl der geworfenen Köpfe« definiert werden, beim zweimaligen Werfen eines Würfels z. B. »die Differenz der Augenzahlen«. Prinzipiell ist man hier frei in der Wahl der Zufallsvariablen, weil sie alle auf den Ergebnissen von Zufallsexperimenten basieren.

Solche »künstlich« definierten Zufallsvariablen sind bei praktischen Erhebungen natürlich eher die Ausnahme. Hier haben wir es eher mit Merkmalen zu tun, die sich auf statistische Objekte (meist Personen oder Gegenstände) beziehen, wie z. B. das Alter, die Größe, das Gewicht oder das Geschlecht.

Bei solchen Variablen müssen wir nun aber gar nicht umdenken. Wir hatten mit ihnen schon früher zu tun. Die bisherigen Merkmale wie das Alter oder das Geschlecht, die wir bei einer Befragung erhoben haben, stellen nun eben Zufallsvariablen dar. Das Zufallsexperiment, das ihnen zu Grunde liegt, besteht gerade aus dem Vorgang der zufälligen Befragung der Personen, an denen diese Merkmale gemessen werden.

Haben wir also früher einzelnen Merkmalsausprägungen absolute oder relative Häufigkeiten zugeordnet und damit die Häufigkeitsverteilung erhalten, geschieht nun etwas Analoges mit den Ausprägungen der Zufallsvariablen:

Wir geben zu jedem möglichen Wert einfach seine Wahrscheinlichkeit an und erhalten die **Wahrscheinlichkeitsverteilung** der Zufallsvariablen.

Wir wollen nun an einem kleinen Zahlenbeispiel den Zusammenhang zwischen Zufallsexperiment, Ereignis, Zufallsvariable und Wahrscheinlichkeitsverteilung nochmals zusammenfassen.

Zu Beginn steht folgender Zufallsvorgang: Es werden zwei Münzen geworfen. Je geworfener Anzahl »Kopf« wird 1 € Gewinn ausgezahlt. Die Zufallsvariable ist somit definiert als »Gewinn«.

Die Wahrscheinlichkeitsverteilung dieser Zufallsvariablen soll bestimmt werden. Dazu muss das zu Grunde liegende Experiment mit seinen möglichen Ereignissen betrachtet werden. Anschließend sind die Ausprägungen der Zufallsvariablen, die aus den Ergebnissen folgen, abzuleiten. Die Wahrscheinlichkeiten für die Ausprägungen erhalten wir dann einfach wieder über die relative Häufigkeit der für die Ausprägung günstigen Elementarereignisse.

Das mit (Z, Z) bezeichnete Ergebnis des zweimaligen Münzwurfes gibt bspw. an, dass bei der ersten und der zweiten Münze »Zahl« aufgetreten ist. Die Wahrscheinlichkeit für dieses Ereignis ist 1/2 mal 1/2 = 1/4. Da kein »Kopf« aufgetreten ist, beträgt der Gewinn gleich 0. Das heißt: Die Ausprägung der Zufallsvariablen ist für diesen Fall 0.

Für alle anderen möglichen Ausprägungen verläuft die Herleitung analog (siehe Tabelle 7.3).

Ereignis	**Ausprägung der Zufallsvariablen »Gewinn« (X)**	**Wahrscheinlichkeit**
(Z,Z)	$x = 0$	$W(X = 0) = \frac{1}{2} \cdot \frac{1}{2} = \frac{1}{4}$
(Z,K) oder (K,Z)	$x = 1$	$W(X = 1) = \frac{1}{2} \cdot \frac{1}{2} + \frac{1}{2} \cdot \frac{1}{2} = \frac{2}{4}$
(K,K)	$x = 2$	$W(X = 2) = \frac{1}{2} \cdot \frac{1}{2} = \frac{1}{4}$

Tab. 7.3: Zusammenhang von Ereignis, Zufallsvariable und Wahrscheinlichkeit

Natürlich muss auch bei Zufallsvariablen die Summe der Wahrscheinlichkeiten aller möglichen Ausprägungen gleich Eins sein.

Haben wir es — wie im obigen Beispiel — mit einer Zufallsvariablen zu tun, die nur abzählbar viele Wert annehmen kann (diskrete Zufallsvariable), dann wird üblicherweise die Wahrscheinlichkeit, mit der sie einen bestimmten Wert annimmt, für jeden möglichen Wert in einer Funktion $f(x)$ dargestellt.

Man nennt diese Funktion **Wahrscheinlichkeitsfunktion**, weil der Funktionswert an der Stelle *x* einfach der Wahrscheinlichkeit entspricht, mit der der Wert *x* angenommen wird, es gilt also einfach:

$$f(x) = W(X = x)$$

Die Zufallsvariable selbst bezeichnet man mit einem großen *X*, während ein kleines *x* für eine konkrete Ausprägung steht.

Die formale Notation ist oft nicht eindeutig und für uns auch nicht sonderlich wichtig. Wir können sie auch in der kleinen Formelsammlung im Anhang nachschlagen. Wir müssen uns nur einprägen, dass die Wahrscheinlichkeitsfunktion die Wahrscheinlichkeiten für alle möglichen Ausprägungen angibt, nicht mehr und nicht weniger. Folglich kann eine Wahrscheinlichkeitsverteilung grafisch genauso dargestellt werden, wie wir das bereits von einer Häufigkeitsverteilung kennen.

Die Wahrscheinlichkeitsfunktion lässt sich in Form eines Stabdiagramms abbilden und die kumulierten Wahrscheinlichkeiten können wie die kumulierten Häufigkeiten in einer Summenkurve abgetragen werden. Jetzt heißt sie allerdings nicht mehr Summenkurve oder Summenfunktion, sondern **Verteilungsfunktion**.

Die Verteilungsfunktion ist ein besonders wichtiges Konstrukt in der Statistik, aber sie wird oft missverstanden. Dabei ist ihre Definition denkbar einfach.

Ein Wert der Verteilungsfunktion einer Zufallsvariablen an einer Stelle *x* gibt die Wahrscheinlichkeit an, dass die Zufallsvariable einen Wert von *x* oder kleiner annimmt. Bezeichnet wird die Verteilungsfunktion übrigens mit *F*(*x*); formal gilt:

$$F(x) = W(X \leq x)$$

Diese äußerst wichtige Formel gilt für alle in der Statistik existierenden Verteilungsfunktionen (und da gibt es sehr, sehr viele).

Wenn ein Merkmal diskret ist, können wir seine Wahrscheinlichkeitsverteilung also mithilfe der Wahrscheinlichkeits- oder der Verteilungsfunktion angeben. Aus der Kenntnis der einen Funktion resultiert unmittelbar die Kenntnis der anderen.

Sehen wir uns dazu noch einmal das kleine Münzexperiment an. In der nachfolgenden Tabelle sind neben den Werten der Wahrscheinlichkeitsfunktion auch die Werte der Verteilungsfunktion enthalten.

Ausprägung der Zufallsvariablen »Gewinn« (X)	Wert der Wahrscheinlichkeits-funktion f(x)	Wert der Verteilungsfunktion F(x)
$x = 0$	$f(0) = W(X = 0) = \frac{1}{4}$	$F(0) = W(X \leq 0) = \frac{1}{4}$
$x = 1$	$f(1) = W(X = 1) = \frac{2}{4}$	$F(1) = W(X \leq 1) = \frac{1}{4} + \frac{2}{4} = \frac{3}{4}$
$x = 2$	$f(2) = W(X = 2) = \frac{1}{4}$	$F(2) = W(X \leq 2) = \frac{1}{4} + \frac{2}{4} + \frac{1}{4} = 1$

Tab. 7.4: Werte der Wahrscheinlichkeits- und der Verteilungsfunktion der Zufallsvariablen »Gewinn«

Grafisch sehen wir beide Funktionen in Abbildung 7.1. Die Analogie zu den Darstellungen der Häufigkeitsverteilungen ist unverkennbar.

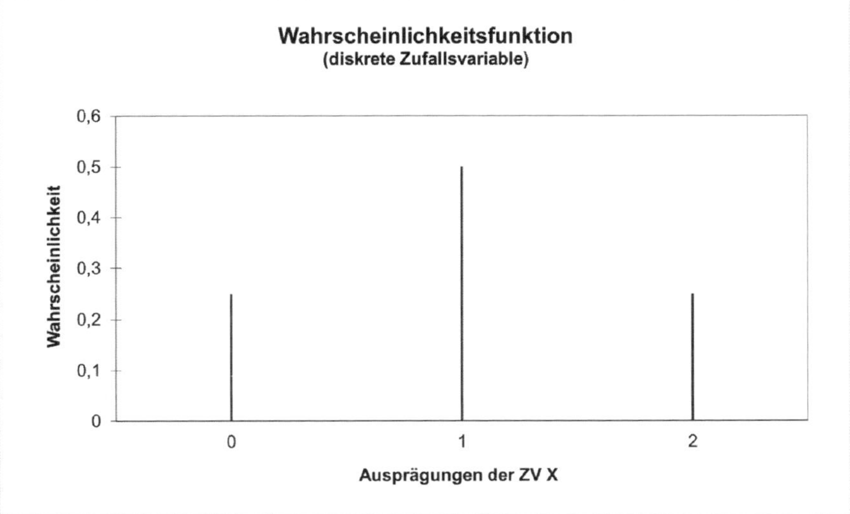

Abb. 7.1: Wahrscheinlichkeitsfunktion der Zufallsvariablen »Gewinn«

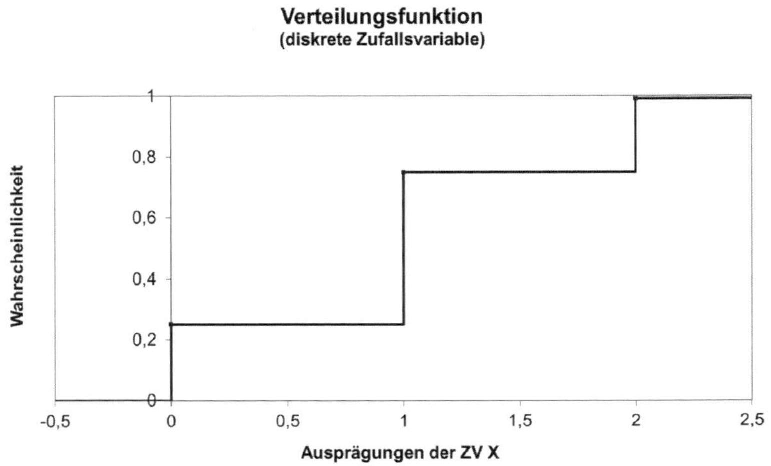

Abb. 7.2: Verteilungsfunktion der Zufallsvariablen »Gewinn«

Oftmals werden wir aber keine diskreten, sondern stetige Variablen vorfinden, die prinzipiell unendlich viele Werte annehmen können. Meist sind das Merkmale, bei denen man die Werte durch einen Messvorgang erhält: das Gewicht, die Länge, die Größe, die Zeit, monetäre Größen wie der Umsatz, der Gewinn, der Aktienkurs, die Zinsentwicklung usw. Auch für sie kann eine Wahrscheinlichkeitsverteilung formal und grafisch dargestellt werden, allerdings sehen die Grafen grundsätzlich anders aus.

Die Verteilungsfunktion $F(x)$ einer stetigen Zufallsvariablen gibt auch hier die Wahrscheinlichkeit dafür an, dass höchstens ein bestimmter Wert angenommen wird. Allerdings haben wir es grafisch mit einer *stetigen* Funktion zu tun und nicht mehr mit einer »Treppenfunktion« wie im diskreten Fall.

Die Funktionswerte können auch hier nur zwischen 0 und 1 liegen und die Kurve wird stets an Höhe gewinnen (oder auf gleichem Niveau bleiben) und niemals wieder abfallen.

Ein entscheidender Unterschied zwischen einer stetigen und einer diskreten Zufallsvariablen liegt aber bei der mit $f(x)$ bezeichneten Funktion.

Im diskreten Fall war damit die Wahrscheinlichkeitsfunktion bezeichnet, die tatsächlich auch nur Wahrscheinlichkeiten angibt. Im stetigen Fall existiert eine Wahrscheinlichkeitsfunktion aber nicht, wohl aber eine Funktion $f(x)$. Was aber beinhaltet diese Funktion dann, wenn sie keine Wahrscheinlichkeiten enthält?

Sie wird als **Dichtefunktion** bezeichnet und ist nichts weiter als die erste Ableitung der Verteilungsfunktion. Damit gibt sie nur die Steigung der Verteilungsfunktion an der Stelle x an, aber *keine* Wahrscheinlichkeiten!

Umgekehrt bedeutet das, dass man durch Intergieren über die Dichtefunktion $f(x)$ wieder die Verteilungsfunktion $F(x)$ herleiten kann.

Was die Dichtefunktion so interessant macht, ist die Tatsache, dass sie aufgrund ihrer Herleitung aus der Verteilungsfunktion *Wahrscheinlichkeiten in Form von Flächen zwischen ihr und der Abszisse* (x-Achse) angibt.

Das ist eine zentrale Aussage in der Statistik, und man benötigt diesen Zusammenhang zwischen Wahrscheinlichkeit und Fläche unter der Dichtefunktion auf allen Anwendungsgebieten der schließenden Statistik.

Es ist deshalb fundamental wichtig, an dieser Stelle nicht den Faden zu verlieren und die Zusammenhänge zu verstehen. Am besten wir erläutern das Ganze an einem Beispiel.

Nehmen wir an, bei der Herstellung eines unserer Produkte ist das Gewicht ein entscheidendes Kriterium. Durch äußere zufallsbedingte Einflüsse werden wir das angestrebte Normgewicht aber nicht immer exakt einhalten können. Das Gewicht des Produkts schwankt also zufällig um einen Mittelwert.

Die Wahrscheinlichkeitsverteilung für die Zufallsvariable »Gewicht« kann gemäß der Dichtefunktion in Abbildung 7.3 (Seite 134) dargestellt werden.

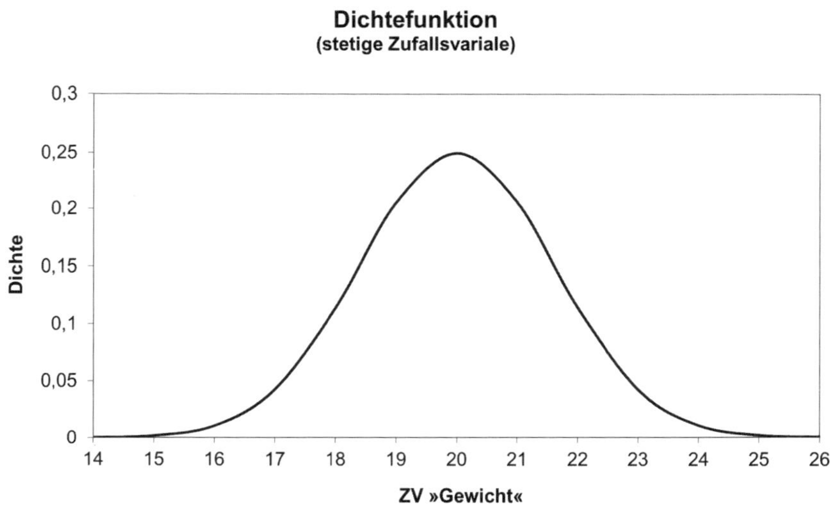

Abb. 7.3: Dichtefunktion der Zufallsvariablen »Gewicht«

Die Funktionswerte der Dichtefunktion, also die $f(x)$-Werte selbst, sind völlig belanglos. Die »Dichte« spielt als solche in der Statistik keine ernst zu nehmende Rolle. Die Fläche unter der Dichtefunktion dagegen umso mehr.

! **Achtung:**

Grundsätzlich gilt, dass die gesamte Fläche unterhalb der Dichtefunktion immer (!) gleich 1 sein muss.

Nun müssen wir uns klarmachen, dass es grundsätzlich nicht möglich ist, im Falle einer stetigen Verteilung eine sog. **Punktwahrscheinlichkeit** anzugeben. Wir können für *einzelne* Werte der Zufallsvariablen X keine Wahrscheinlichkeit angeben, es gilt nämlich immer: $W(X = x) = 0$!

Diese – auf den ersten Blick vielleicht etwas – verwirrende Aussage wird verständlich, wenn man bedenkt, dass eine stetige Zufallsvariable unendlich viele Ausprägungen annehmen kann (man denke an die Größe »Gewicht«, die – zumindest theoretisch – mit unendlich vielen Nachkommastellen genau gemessen werden kann). Auf der anderen Seite muss aber die Summe aller Wahrscheinlichkeiten dieser Ausprägungen gleich 1 sein. Was folgt dann daraus für eine Einzelwahrscheinlichkeit? Nun, deren Wert geht letztlich gegen 0.

Mithilfe der Dichtefunktion kann man somit keine Wahrscheinlichkeiten für einzelne Werte bestimmen, wohl aber für Intervalle. Man spricht dabei von **Intervallwahrscheinlichkeiten**.

Beispielsweise lässt sich angeben, wie groß die Wahrscheinlichkeit ist, mit der eine Zufallsvariable einen Wert zwischen zwei Grenzen annimmt bzw. oberhalb oder unterhalb einer Grenze liegt. Die gesuchte Wahrscheinlichkeit stellt einfach die Fläche unterhalb der Dichtefunktion in den Intervallgrenzen dar, die dann durch Integrieren über die Dichtefunktion in diesen Grenzen ermittelt werden kann.

Glücklicherweise werden Sie in den allermeisten Fällen keine Berechnungen dieser Art durchführen müssen. Oftmals weisen nämlich Merkmale, die uns in der Praxis begegnen, eine bestimmte Art der Verteilung auf, für die bereits Tabellenwerke existieren, aus denen man die gesuchten Wahrscheinlichkeiten einfach ablesen kann.

Selbstverständlich sind auch Analyseprogramme dazu in der Lage, Wahrscheinlichkeiten für die gängigsten Verteilungen zu berechnen. Nur sollte man auch wissen, was die Werte bedeuten und wie sie für welche Fragestellungen verwendet werden können.

Interessiert uns in unserem Beispiel die Wahrscheinlichkeit, dass das Gewicht zwischen 19 und 21 Gramm liegt, also $W(19 \leq X \leq 21)$, müssten wir die Fläche unterhalb der Dichtefunktion in den Grenzen 19 bis 21 berechnen (siehe Abbildung 7.4, Seite 136).

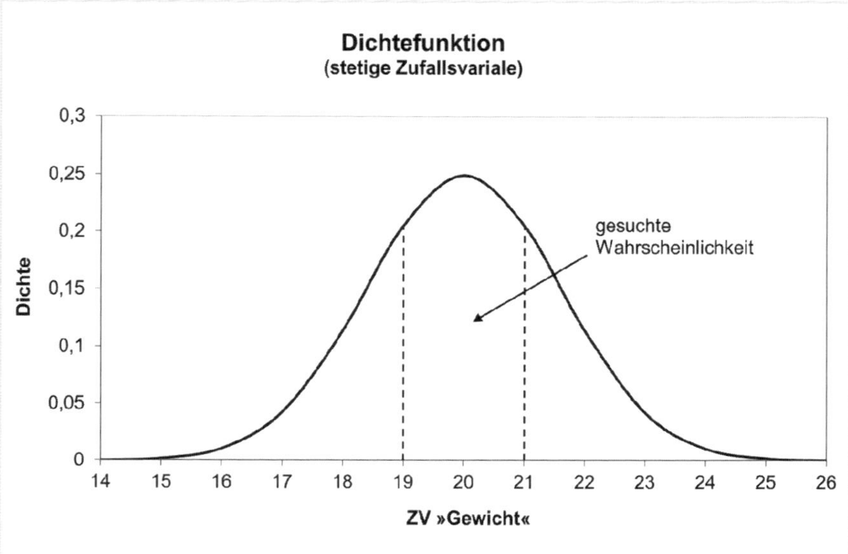

Abb. 7.4: Intervallwahrscheinlichkeit für die Zufallsvariable »Gewicht«

Bei Kenntnis der Verteilungsfunktion können wir uns diese Berechnung sparen. Da wir wissen, dass die Verteilungsfunktion sog. **Höchstwahrscheinlichkeiten** angibt, also $F(x) = W(X \le x)$ gilt, ist es ein Leichtes, auch und gerade mit ihr Intervallwahrscheinlichkeiten zu bestimmen.

Die Dichtefunktion beschreibt die Steigung der Verteilungsfunktion. Folglich erhalten wir für das Beispiel von oben die Verteilungsfunktion *F*(*x*), wie sie in Abbildung 7.5 (Seite 137) dargestellt ist.

Wie können wir damit nun $W(19 \le X \le 21)$ bestimmen?

Die Fläche unter der Dichtefunktion zwischen der Untergrenze 19 und der Obergrenze 21 erhalten wir auch dann, wenn wir von der gesamten Fläche von links bis zur Obergrenze 21, die Fläche von links bis zur Untergrenze 19 abziehen. Damit liegt die Differenz zweier Höchstwahrscheinlichkeiten vor, von denen wir wissen, dass sie jeweils Werten der Verteilungsfunktion entsprechen. Es folgt also:

$$W(19 \le X \le 21) = W(X \le 21) - W(X \le 19) = F(21) - F(19)$$

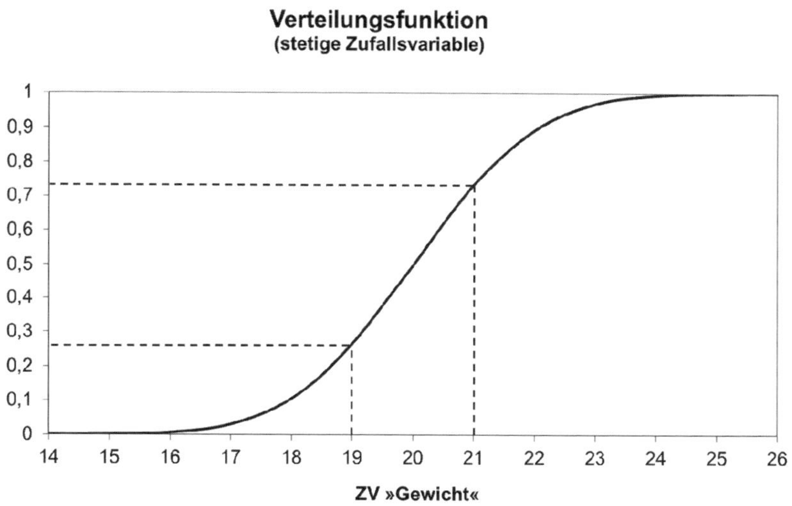

Abb. 7.5: Verteilungsfunktion der Zufallsvariablen »Gewicht«

Somit müssen wir lediglich die Werte, die die Verteilungsfunktion an der Ober- und an der Untergrenze des Intervalls annimmt, voneinander abziehen und erhalten die gesuchte Wahrscheinlichkeit. Es ergibt sich hier übrigens ein Wert von ca. 0,47. In 47 % der Fälle werden wir also Stücke produzieren, deren Gewicht zwischen 19 und 21 Gramm beträgt.

Vielleicht wäre es doch auch ganz interessant zu wissen, in wie viel Prozent der Fälle wir Stücke produzieren, die außerhalb einer gewissen Toleranzgrenze um den geforderten Mittelwert von 20 Gramm herum liegen. Nehmen wir an, alles, was leichter als 17 und schwerer als 23 Gramm ist, liegt außerhalb der Toleranz und stellt Ausschuss dar.

Hier suchen wir einmal eine Höchstwahrscheinlichkeit und einmal eine Mindestwahrscheinlichkeit. Erstere entspricht einfach dem Wert der Verteilungsfunktion an der Stelle 17. Aber was ist mit $W(X \geq 23)$? Grafisch haben wir es hier mit der Fläche unter der Dichtefunktion rechts vom Wert $x = 23$ zu tun.

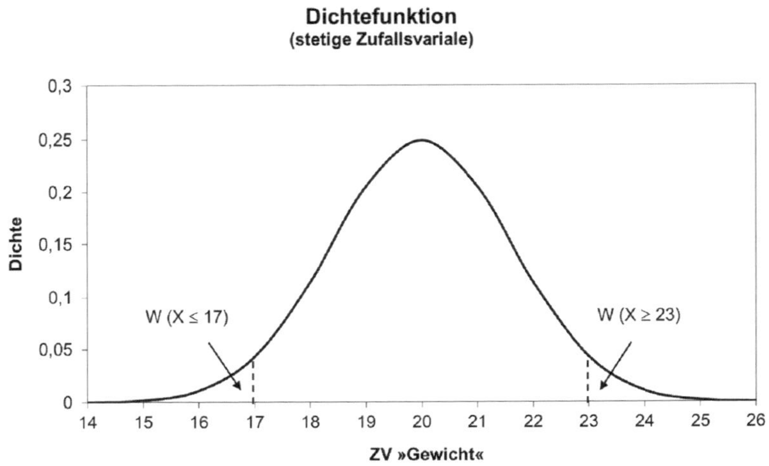

Abb. 7.6: »Außenwahrscheinlichkeit« für die Zufallsvariable »Gewicht«

Da wir wissen, dass die gesamte Fläche unter der Dichtefunktion gleich 1 ist, lässt sich daraus doch folgern, dass dann $W(X \geq 23) = 1 - W(X \leq 23)$ sein muss.

Somit können wir die zusammengesetzte Wahrscheinlichkeit von oben erneut mithilfe der Werte der Verteilungsfunktion berechnen. Es ergibt sich:

$$W(X \leq 17) + W(X \geq 23) = F(17) + [1 - F(23)]$$

7.1.3 Kenngrößen der Wahrscheinlichkeitsverteilung

Analog zu den Häufigkeitsverteilungen im Rahmen der beschreibenden Statistik, können auch zu den Wahrscheinlichkeitsverteilungen Kennzahlen angegeben werden. So z. B. der früher betrachtete Mittelwert, der nun als **Erwartungswert** bezeichnet wird, und die **Varianz**.

Der Erwartungswert — kurz E(X) — ist auch hier der wichtigste Lageparameter und die Varianz — kurz Var(X) — ist für die Streuung maßgeblich.

Daneben lassen sich aber auch andere Kenngrößen — wie der Median oder bestimmte Quantile — angeben. Gerade letztere werden wir für die Anwendung der schließenden Verfahren noch benötigen.

Nehmen wir zur Illustration der wichtigsten Kennzahlen wieder unser Beispiel von oben zur Hand. Der Erwartungswert (als mittlerer zu erwartender Wert) wird hier beim Wert 20 liegen (weil die Verteilung, wie es scheint, symmetrisch um diesen Wert ist). Die Streuung bestimmt die Breite der Dichtefunktion. Wie groß die Streuung in diesem Falle ist, lässt sich anhand der Grafik nicht ermitteln, dazu bräuchten wir die konkrete Formel der Dichtefunktion.

Was den Median anbelangt, wissen wir, dass er alle Werte in zwei gleich große Gruppen trennt. Wir müssen also nur jenen Wert ermitteln, beim dem die Fläche unter der Dichtefunktion links davon 0,5 und rechts davon ebenfalls 0,5 beträgt. Der Median ist ja das Zentrum der Verteilung.

Ist — wie in unserem Beispiel — die Dichtefunktion symmetrisch um einen bestimmten Wert (den Erwartungswert), ist dieser Wert zugleich auch der Median (siehe Abbildung 7.7).

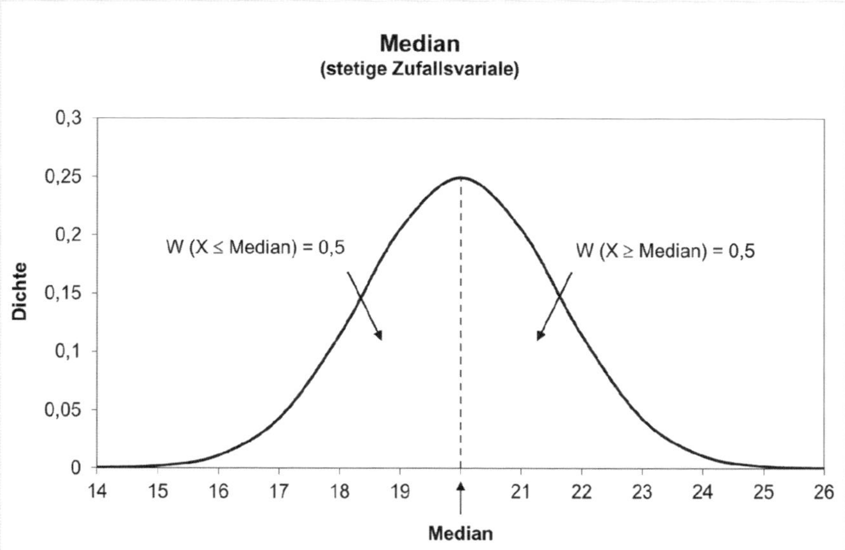

Abb. 7.7: Der Median der stetigen Zufallsvariable »Gewicht«

Die wichtigen Kenngrößen (Erwartungswert und Varianz) können im Falle einer *diskreten* Zufallsvariable genau wie bei den Häufigkeitsverteilungen berechnet werden. Anstelle der relativen Häufigkeiten sind nun eben die Wahrscheinlichkeiten zu verwenden.

Grundsätzlich muss für die konkrete Ermittlung der Kennzahlen im Falle einer *stetigen* Verteilung auch die Funktion $f(x)$ oder $F(x)$ bekannt sein, wobei die Berechnung hier aber etwas komplexer ist. Der mathematisch interessierte Leser kann die Berechnungsformeln in der Formelsammlung nachlesen.

Wir werden uns nun einigen (theoretischen) Verteilungen im Einzelnen zuwenden, die in der Statistik für viele Fragstellungen verwendet werden, und hierbei zwischen diskreten und stetigen Verteilungen unterscheiden.

7.2 Beispiele für diskrete theoretische Verteilungen

Beginnen wir unsere Überlegungen mit einem wohl bekannten Modell der Wahrscheinlichkeitsrechnung, dem sog. **Urnenmodell**. Dieses Modell liegt den beiden diskreten Verteilungen zu Grunde, die wir uns im Folgenden näher ansehen werden. Es sind zwei diskrete Verteilungen, die in vielen Anwendungen und Verfahren eine zentrale Rolle spielen.

7.2.1 Die Hypergeometrische Verteilung

Stellen wir uns eine Urne vor, in der zwei Arten von Kugeln liegen (z. B. rote und blaue Kugeln). Wir wissen, wie viele Kugeln insgesamt vorhanden sind (N), und kennen auch die Aufteilung in rote und blaue Kugeln. Nun werden n Kugeln zufällig aus der Urne entnommen und zwar nach dem **Modell ohne Zurücklegen** (**M. o. Z.**). Das bedeutet: Bei der Ziehung der n Kugeln wird die jeweils gezogene Kugel nicht wieder in die Urne zurückgelegt (die Kugeln könnten also auch alle auf einmal gezogen werden).

Was hat das zur Folge? Bei der ersten Kugel hat man die Wahl unter allen vorhandenen Kugeln. Beim zweiten Zug befindet sich eine Kugel weniger in der Urne und auch die Zusammensetzung (Anzahl rote/blaue Kugeln) ist eine andere.

Das heißt: Die vorangegangene Ziehung beeinflusst die folgende. Man spricht von abhängigen Ziehungen. Pro weiterer Ziehung hat man es mit einer weiter reduzierten »Grundgesamtheit« an Kugeln zu tun.

Möchte man die Wahrscheinlichkeiten für die Zufallsvariable »Anzahl der entnommenen blauen Kugeln« bestimmen, dann muss die Gesamtanzahl der Kugeln (am Anfang) bekannt sein.

Konkret ergibt sich im Urnenmodell ohne Zurücklegen die folgende Situation:

Es befinden sich insgesamt N Elemente in der Grundgesamtheit, darunter sind M Elemente der »ersten Sorte« (bei nur zwei vorhandenen Sorten) und $N - M$ Elemente der »zweiten Sorte«. Nun werden zufällig n Elemente ohne Zurücklegen entnommen.

Die Zufallsvariable X sei definiert als die »Anzahl der Elemente der ersten Sorte unter den entnommenen n Elementen«. Diese Zufallsvariable besitzt eine **Hypergeometrische Verteilung** mit den drei Verteilungsparametern n, N und M, die einzig und allein die Gestalt der Verteilung bestimmen.

Die Wahrscheinlichkeitsfunktion, die zu den Ausprägungen die zugehörigen Wahrscheinlichkeiten angibt, folgt einer Formel, deren Aufbau wir uns nicht im Einzelnen ansehen, die aber dennoch erwähnt werden sollte. Sie lautet:

$$h(x) = W(X = x) = \frac{\binom{M}{x}\binom{N-M}{n-x}}{\binom{N}{n}}$$

Um kenntlich zu machen, dass wir es mit einer Hypergeometrischen Verteilung zu tun haben, wurde die übliche Bezeichnung für die Wahrscheinlichkeitsfunktion $f(x)$ durch $h(x)$ ersetzt. Wir sehen, dass die Funktion nur von den Werten der drei Parameter n, N und M abhängt (für die konkrete Berechnung verweise ich den interessierten Leser auf die angehängte Formelsammlung).

Für einige konkrete Parameterkonstellationen sind die Wahrscheinlichkeitsfunktionen der Hypergeometrischen Verteilung im Folgenden grafisch als »Stabdiagramme« dargestellt:

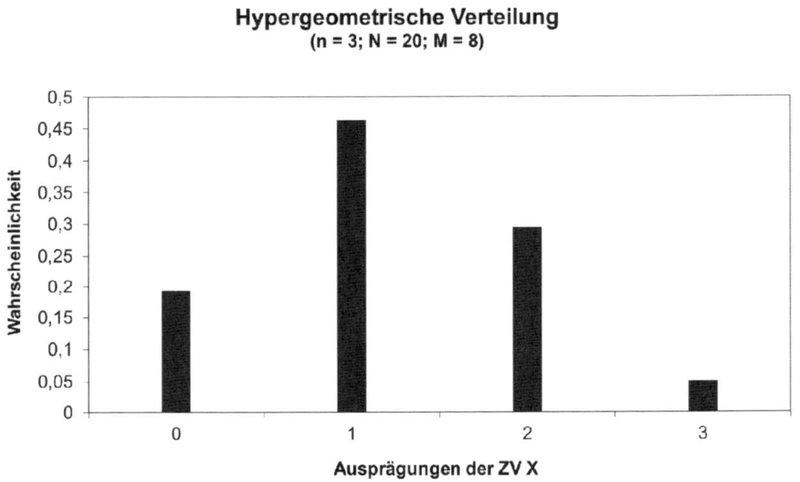

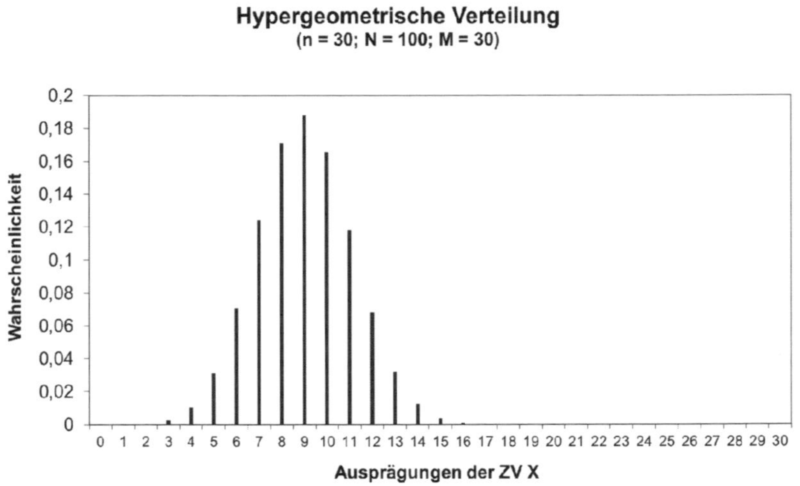

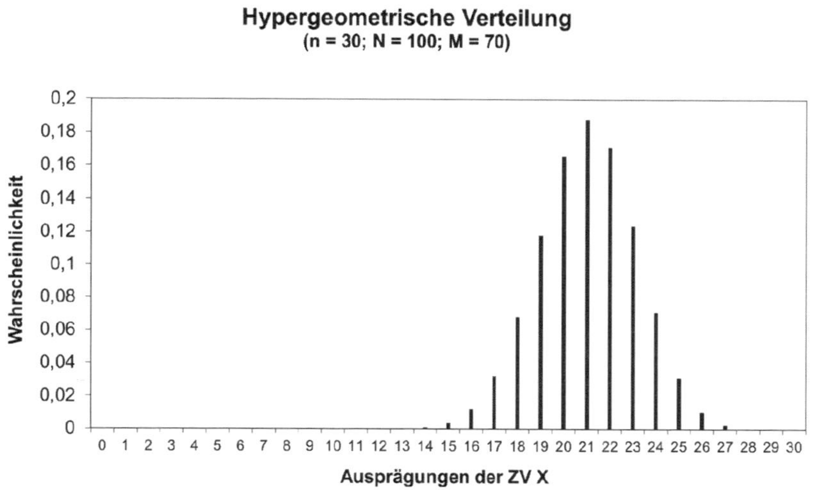

Abb. 7.8: Beispiele für die Hypergeometrische Verteilung für verschiedene Parameter

Ein kleines Beispiel zeigt die konkrete Anwendung einer Hypergeometrischen Verteilung auf:

Es steht die Wahl des dreiköpfigen Vorstands eines Ausschusses an. Zur Wahl stehen zehn Mitarbeiter der Abteilung, von denen vier weiblich und sechs männlich sind. Die Wahl soll dem Zufall überlassen werden; es wird also (nach dem Modell ohne Zurücklegen) gelost. Uns interessiert, wie hoch die Wahrscheinlichkeit ist, dass wir einen rein weiblich besetzten Vorsitz erhalten.

Wir wählen hier $n = 3$ Personen zufällig (o. Z.) aus insgesamt $N = 10$ Personen aus. Die Zufallsvariable X ist definiert als die Anzahl der weiblichen Personen unter den ausgewählten. In der Grundgesamtheit (also unter den zehn Personen) befinden sich $M = 4$ weibliche Personen.

Setzen wir nun die bekannten Parameterwerte für n, N und M in die Formel der Wahrscheinlichkeitsfunktion $h(x)$ ein, können wir die Wahrscheinlichkeit für die möglichen Ausprägungen der Zufallsvariablen ($x = 0, 1, 2, 3$) berechnen. Unter anderem erhalten wir so auch die Wahrscheinlichkeit für den Fall, dass wir drei weibliche Vorsitzmitglieder erhalten ($x = 3$). Sie beträgt 0,0333, also 3,33 %.

Das Urnenmodell ohne Zurücklegen ist ein grundlegendes Modell für die Ziehung einer Zufallsstichprobe von Elementen (Personen, Objekte) aus einer Grundgesamtheit, an denen Merkmale mit nur zwei möglichen Ausprägungen erhoben werden sollen.

Ob nun aus einem Produktionslos im Rahmen der Qualitätskontrolle stichprobenartig auf Vorliegen eines Defektes geprüft werden soll, ob Personen bei einer Umfrage eine bestimmte Eigenschaft aufweisen oder ein spezielles Kriterium erfüllen sollen oder ob einen die Chancen bei einem Losverfahren (z. B. beim Lottospielen) interessieren, das Modell ohne Zurücklegen — und mit ihm die Hypergeometrische Verteilung — hilft einem hier weiter.

Was können wir aber tun, wenn uns der Umfang der Grundgesamtheit unbekannt ist?

Dieses Problem stellt sich in der Praxis sehr oft. Man denke nur an Umfragen, bei denen eine Anzahl von Personen aus einer nicht genau quantifizierbaren Grundgesamtheit an Personen »gezogen« werden soll, oder an Situationen, bei denen wir es mit Gesamtheiten von grundsätzlich unbekanntem oder unendlich großem Ausmaß zu tun haben.

In so einem Fall müssen wir auf ein anderes Ziehungsmodell zurückgreifen, bei dem die Kenntnis über den Grundgesamtheitsumfang N nicht erforderlich ist. Versuchen wir zunächst, dieses Modell wieder anhand unserer Kugeln in der Urne zu präzisieren.

7.2.2 Die Binomialverteilung

Stellen wir uns erneut die Urne vor, in der wieder nur zwei Arten von Kugeln (z. B. rote und blaue) liegen. Wir wissen diesmal nicht, wie viele Kugeln insgesamt in der Urne sind. Uns ist lediglich der Anteil der beiden Kugelsorten bekannt. Sind wir an den blauen Kugeln interessiert, dann bezeichnen wir ihren Anteil an der Grundgesamtheit allgemein mit θ (gesprochen: »theta«). Der Anteil der roten Kugeln ist damit $1 - \theta$.

Nun werden erneut n Kugeln zufällig aus der Urne entnommen, und zwar nach dem **Modell mit Zurücklegen** (**M. m. Z.**). Nach jedem Zug wird die Farbe der Kugel festgestellt und die Kugel zurück in die Urne gelegt. Somit hat man es mit n unabhängigen Ziehungen zu tun, weil bei jeder Ziehung immer dieselben Bedingungen herrschen.

Die Anzahl der sich am Ende unter den n gezogenen Kugeln befindlichen blauen Kugeln ist wieder als Zufallsvariable aufzufassen, die nur bestimmte Werte annehmen kann, nämlich 0, 1, 2, ..., n. Ihre Wahrscheinlichkeitsverteilung folgt einer **Binomialverteilung** mit der Wahrscheinlichkeitsfunktion

$$b(x) = W(X = x) = \binom{n}{x} \theta^{x} (1-\theta)^{n-x}$$

wobei die Bezeichnung $f(x)$ diesmal durch $b(x)$ ersetzt wurde.

Die Binomialverteilung gibt im Modell mit Zurücklegen Wahrscheinlichkeiten für die Anzahl der entnommenen Elemente der »ersten Sorte« an. Ihre Gestalt hängt nur von den Parametern n und θ ab. Damit besitzt die Binomialverteilung nur zwei Verteilungsparameter.

Grafisch zeigen sich keine wesentlichen Unterschiede zwischen der Binomialverteilung und der Hypergeometrischen Verteilung, sodass wir auf weitere Darstellungen getrost verzichten können.

Sind bestimmte Voraussetzungen erfüllt, schrumpfen die Unterschiede zwischen beiden Verteilungen sogar auf ein unbedeutendes Maß. Die Hypergeometrische Verteilung kann dann durch die Binomialverteilung »ersetzt« werden (man spricht hierbei von Approximation). Das ist insbesondere dann der Fall, wenn das Verhältnis zwischen der Anzahl der gezogenen Kugeln n und der Gesamtanzahl N (also der Auswahlsatz n/N) nicht zu groß ist. Bei einer sehr großen Grundgesamtheit und einer kleinen Stichprobenanzahl können wir also »so tun«, als hätten wir ein Modell mit Zurücklegen. Die Reduzierung der Gesamtheit muss dann nicht mehr nach jedem Zug berücksichtigt werden. Ob wir nun bei einer Ziehung aus 1.000 oder nur aus 999 Elementen auswählen, dürfte allenfalls Auswirkungen im kleinen Nachkommastellenbereich haben.

Wir können das kurz an einigen Werten demonstrieren. Berechnen wir z. B. für die Parameter $N = 500$, $n = 5$ und $M = 400$ — woraus für θ unmittelbar folgt $\theta = 400/500 = 0{,}2$ — die Werte der Wahrscheinlichkeitsfunktionen der Hypergeometrischen und der Binomialverteilung, ergeben sich zwischen beiden Verteilungen nur geringfügige Unterschiede (Tabelle 7.5).

x	h(x)	b(x)
0	0,0003	0,0003
1	0,0061	0,0064
2	0,0506	0,0512
3	0,2053	0,2048
4	0,4117	0,4096
5	0,3260	0,3277

Tab. 7.5: Annäherung der Werte der Hypergeometrischen und der Binomialverteilung

Die Analogie beider Verteilungen besteht auch beim Erwartungswert. Er wird in beiden Fällen gleich berechnet:

$$E(X) = n \cdot \frac{M}{N} \text{ bzw. } E(X) = n \cdot \theta$$

Nur bei der Varianz muss bei der Hypergeometrischen Verteilung meist ein Korrekturfaktor berücksichtigt werden.

7.3 Beispiele für stetige theoretische Verteilungen

Stetige Verteilungen sind Verteilungen für stetige Zufallsvariablen. Wie wir bereits wissen, haben diese überabzählbar viele Ausprägungen und sind häufig das Ergebnis eines Messvorgangs. Die Verteilungsfunktion einer stetigen Zufallsvariable weist einen stetigen monoton steigenden Verlauf auf, hat also keinerlei Sprungstellen.

Die mit Abstand wichtigste stetige Verteilung ist die **Normalverteilung**. Wir werden noch genauer begründen, warum das so ist. Die Normalverteilung wird im Folgenden ausführlich dargestellt. Daneben existiert natürlich auch noch eine Reihe weiterer stetiger Verteilungen, die meist eher theoretischer Natur sind. Das heißt, sie stellen Verteilungen von (meist nichtlinearen) Funktionen von mehreren Zufallsvariablen dar und werden im Rahmen der induktiven Statistik benötigt. Drei davon sehen wir uns ebenfalls kurz an.

7.3.1 Normalverteilung und Standardnormalverteilung

Die Normalverteilung ist die wichtigste statistische Verteilung, und zwar sowohl, was die statistisch-theoretische, als auch, was die praktische Anwendung betrifft. Die Normalverteilung ist verbunden mit dem Namen des deutschen Mathematikers Carl Friedrich Gauß, der zu Beginn des 19. Jahrhunderts grundlegende Arbeiten dazu veröffentlicht hat. Deshalb wird sie oft auch als Gauß-Verteilung bezeichnet. Entdeckt und beschrieben hat sie aber schon 1733 der Franzose Abraham de Moivre.

Vielleicht ist einem ja noch der frühere 10-DM-Schein in Erinnerung. Darauf waren die Formel und der Graph ihrer Dichtefunktion zusammen mit dem Konterfei von Gauß abgedruckt.

Einige Gründe für die Wichtigkeit der Normalverteilung in der Statistik sind:

- Die beobachteten Verteilungen vieler Merkmale (z. B. die Körpergröße von Erwachsenen, die Laufleistung von Autoreifen, die Leitungsdauer von Batterien, der Umsatz von Filialen einer Einzelhandelskette, der Intelligenzquotient von Personen usw.) zeigen »von Natur aus« (annähernd) den Verlauf einer Normalverteilung.
- Zufällige Abweichungen von bestimmten Normgrößen (Messfehler), die z. B. im Rahmen von Produktionsvorgängen entstehen, weisen ebenfalls ziemlich genau eine Normalverteilung mit einem Erwartungswert von Null auf.
- Die Normalverteilung dient für viele andere (auch diskrete) Verteilungen als Näherungsverteilung.
- Viele statistische Verfahren setzten für ihre Anwendbarkeit die Existenz zumindest annähernd normalverteilter Merkmale voraus oder lassen sich unter der Normalverteilungsannahme leichter lösen.
- Für eine Summe von Zufallsvariablen gilt unabhängig von ihrer eigenen Verteilung die Normalverteilung als sog. Grenzverteilung.

Eine normalverteilte Zufallsvariable X besitzt die folgende Dichtefunktion; bezeichnet mit $\varphi(x)$ (gesprochen: »phi«) anstelle von $f(x)$:

$$\varphi(x) = \frac{1}{\sigma\sqrt{2\pi}} e^{-\frac{1}{2}\left(\frac{x-\mu}{\sigma}\right)^2}$$

Sie wird durch die beiden Parameter μ und σ bestimmt (zur Erinnerung: Kreiszahl $\pi = 3{,}14159$ und $e = 2{,}71828$.)

Dabei ist μ nichts anderes als der Erwartungswert E(X) und σ^2 stellt die Varianz Var(X) dar (σ selbst ist die Standardabweichung). Diese Bezeichnungen werden bei der Normalverteilung einheitlich so verwendet.

Je nachdem, welche Werte die Parameter μ und σ^2 annehmen, erhält man verschiedenen Dichtefunktionen der Normalverteilung. Einige sind in Abbildung 7.9 dargestellt. Aufgrund ihrer Form wird die Normalverteilung auch häufig als *Glockenkurve* bzw. *Gaußsche Glocke* bezeichnet.

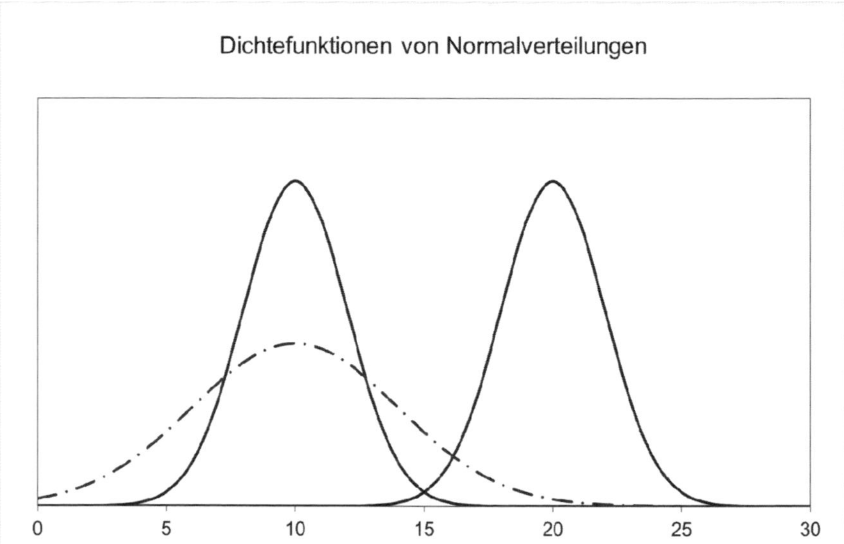

Abb. 7.9: Dichtefunktionen von Normalverteilungen für verschiedene Parameter

Man erkennt recht schön, dass der Erwartungswert μ als Lageparameter die Lage bzw. Mitte der Verteilung bestimmt. Er ist also für die Verschiebung der Kurve auf der Abszisse verantwortlich. Die Dichtekurven sind alle symmetrisch um ihren jeweiligen Erwartungswert μ.

Der zweite Parameter, der die Form der Verteilung bestimmt, ist die Varianz σ^2. Wie man sieht, ist sie als Streuungsparameter für die Breite der Kurve verantwortlich. Eine größere Varianz ergibt sich, wenn die Werte weiter um den Erwartungswert herum liegen, also mehr streuen. Zu beachten ist, dass die Höhe der Kurve mit zunehmender Streuung abnimmt. Umgekehrt gilt: Je kleiner σ^2, umso schmaler, dafür aber auch umso höher ist die Dichtekurve.

Warum das so ist, liegt in der Eigenschaft der Dichtefunktion begründet. Wir erinnern uns daran, was es mit der gesamten Fläche unter der Dichtefunktion auf sich hatte: Sie ist immer gleich 1!

Die Verteilungsfunktion, die man wie üblich bei stetigen Verteilungen durch Integrieren über die Dichtefunktion erhält, hat eine S-förmige Gestalt (Abbildung 7.10).

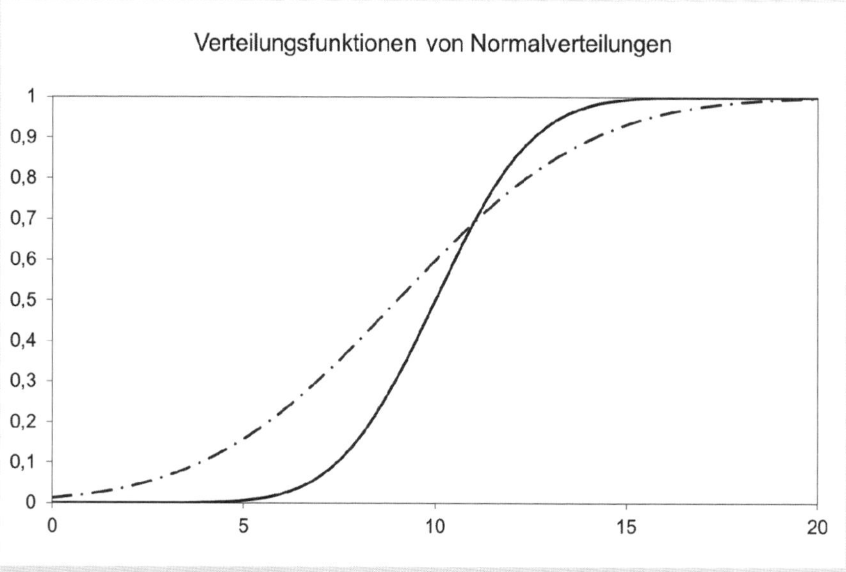

Abb. 7.10: Verteilungsfunktionen von Normalverteilungen für verschiedene Parameter

Jede Normalverteilung hat — was die Fläche unter ihrer Dichtefunktion anbelangt — dieselben Eigenschaften:

- Die Gesamtfläche unter der Dichtefunktion ist gleich 1 (100 %); das gilt aber generell für die Dichtefunktion jeder beliebigen Verteilung, nicht nur für die Normalverteilung.
- Im Intervall $[\mu - \sigma; \mu + \sigma]$ ist die Fläche 0,6827; das heißt: 68,27 % der Werte liegen in diesem Bereich.
- Im Intervall $[\mu - 2\sigma; \mu + 2\sigma]$ ist die Fläche 0,9545; das heißt: 95,45 % der Werte liegen in diesem Bereich.
- Im Intervall $[\mu - 3\sigma; \mu + 3\sigma]$ ist die Fläche 0,9973; das heißt 99,73 % der Werte liegen in diesem Bereich.

Die praktische Relevanz dieser symmetrischen Intervalle um den Mittelwert zeigt ein Beispiel aus dem *Total Quality Management* (TQM).

Dort spielt insbesondere das Intervall $[\mu - 6\sigma; \mu + 6\sigma]$ eine wichtige Rolle. Geläufig ist dieses Intervall unter dem Namen »Six Sigma«. Nach der Six-Sigma-Philosophie stellt die »Null-Fehler-Qualität« ein strategisches Unternehmensziel dar. Das angestrebte Qualitätsniveau gibt als Zielrichtung nur 3,4 Fehler bei einer Million Fehlermöglichkeiten bzw. Merkmalswerte von Produkten oder Dienstleistungen vor. Im Umkehrschluss bedeutet das, dass bei Zugrundelegung der Normalverteilung ein Qualitätsniveau von 99,99966 % bei allen Prozess- und Produktionsmerkmalen sicherzustellen ist. Dieser hohe Wert entspricht gerade der Fläche unter der Dichtefunktion einer Normalverteilung im Bereich $[\mu - 6\sigma; \mu + 6\sigma]$.

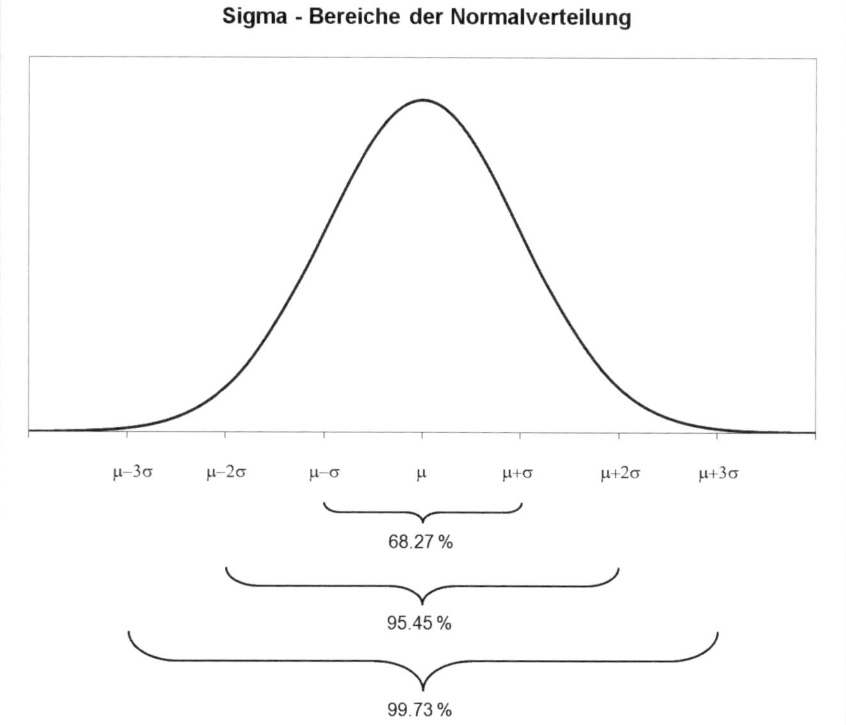

Abb. 7.11: »Sigma-Intervalle« der Normalverteilung

Nun möchte man in der Regel aber nicht nur die Wahrscheinlichkeiten der obigen σ-Intervalle angeben, sondern grundsätzlich beliebige Bereichswahrscheinlichkeiten, z. B. $W(a \leq X \leq b)$, berechnen können.

Da die Bereichswahrscheinlichkeit $W(a \leq X \leq b)$ gleichzusetzen ist mit der Fläche unter der Dichtefunktion zwischen *a* und *b*, müssten wir zur Berechnung dieser Wahrscheinlichkeit in den Grenzen von *a* bis *b* über die Dichtefunktion der Normalverteilung integrieren. Mit dem Integral über die Dichtefunktion in den Grenzen *a* und *b* erhalten wir geometrisch die Fläche unter der Dichtefunktion in diesen Grenzen.

Das ist mathematisch durchaus kompliziert und bleibt uns glücklicherweise erspart. Wie wir wissen, erhalten wir $W(a \leq X \leq b)$ auch über $W(X \leq b) - W(X \leq a)$. Aber macht es dies nun einfacher? Die Antwort ist: ja! Die Höchstwahrscheinlichkeiten der Form $W(X \leq x)$, also die Werte der Verteilungsfunktion der Normalverteilung, sind nämlich bereits berechnet und in Tabellen verzeichnet (eine solche Tabelle finden Sie auch im Anhang »Tabellen«).

Allerdings existieren solche Tabellen verständlicherweise nicht für alle Parameterwerte von μ und σ^2, also für alle möglichen Normalverteilungen, sondern nur für eine einzige Parameterkonstellation, nämlich für $\mu = 0$ und $\sigma^2 = 1$. Was hat es damit auf sich?

Man nennt diese spezielle Normalverteilung auch **Standardnormalverteilung**. Ihre Dichtefunktion ist symmetrisch um den Wert 0 und sieht wie in Abbildung 7.12 aus.

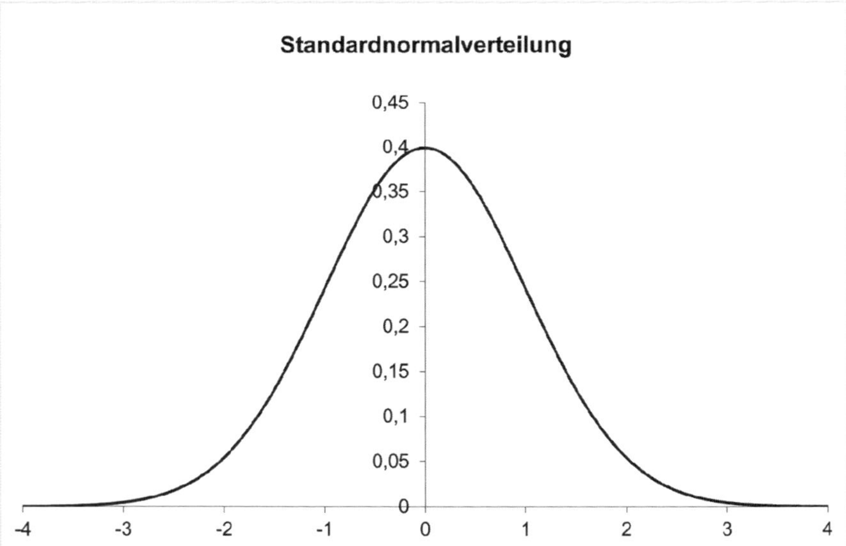

Abb. 7.12: Die Standardnormalverteilung

Eine standardnormalverteilte Zufallsvariable wird meist mit Z bezeichnet; ein konkreter Wert mit z.

Für diese Verteilung existieren Tabellen, in denen für Ausprägungen von 0 bis etwa 3,5 die zugehörigen Werte der Verteilungsfunktion verzeichnet sind.

Sucht man z. B. die Wahrscheinlichkeit, dass ein Messwert von maximal 1,5 auftritt, dann lässt sich hierfür aus der Tabelle die zugehörige Wahrscheinlichkeit 0,9332 ablesen; es gilt also:

$$W(Z \leq 1{,}5) = 0{,}9332$$

Bei einem standardnormalverteilten Merkmal werden 93,32 % der Werte höchstens den Wert 1,5 aufweisen. Grafisch bedeutet das, dass die Fläche unter der Dichtefunktion von links bis zum Wert 1,5 gleich 0,9332 ist.

Bei einem z-Wert, der zu einer Höchstwahrscheinlichkeit von allgemein p führt, spricht man von einem sog. ***p*-Quantil** und bezeichnet ihn mit $z(p)$. Im obigen Beispiel wäre also der Wert 1,5 das 93,32%-Quantil; man kann schreiben: $z(0{,}9332) = 1{,}5$.

Die Mindestwahrscheinlichkeiten erhält man — wie bei allen Verteilungen — einfach über die Gegenwahrscheinlichkeit; also gilt auch hier:

$$W(Z \geq z) = 1 - W(Z \leq z)$$

Da die Standardnormalverteilung symmetrisch um ihren Erwartungswert 0 verläuft, genügt es, die entsprechenden Höchstwahrscheinlichkeiten nur für die positiven z-Werte zu kennen; es gilt nämlich der folgende Zusammenhang:

$$W(Z \leq -z) = 1 - W(Z \leq z)$$

Suchen wir z. B. die Wahrscheinlichkeit, dass maximal der Wert –0,68 angenommen wird, erhalten wir sie mit

$$W(Z \leq -0{,}68) = 1 - W(Z \leq 0{,}68) = 1 - 0{,}7517 = 0{,}2483$$

Wir können nun zwar sehr einfach durch Ablesen aus einer Tabelle und ohne jede Rechnung Wahrscheinlichkeiten beim Vorliegen einer Standardnormalverteilung ermitteln. Aber was nützt einem diese Tabelle, wenn man es mit einer anders normalverteilten Zufallsvariable X zu tun hat (mit anderen Werten für μ und σ^2)?

Nun, das besondere an der Standardnormalverteilung ist, dass sie zur Berechnung *sämtlicher Wahrscheinlichkeiten aller möglichen Normalverteilungen* herangezogen werden kann.

Man nutzt hierbei einen Vorgang aus, der als **Standardisieren** bezeichnet wird. Danach kann jede beliebig normalverteilte Zufallsvariable X mit dem Erwartungswert μ und der Varianz σ^2 zu einer standardnormalverteilten Zufallsvariablen Z mit dem Erwartungswert 0 und der Varianz 1 transformiert werden. Bekannt ist dieser Vorgang auch unter der Bezeichnung **Z-Transformation**.

Das geschieht ganz konkret, indem man vom x-Wert den Mittelwert μ abzieht und das Ganze durch die Standardabweichung σ der originären Zufallsvariablen X teilt:

$$z = \frac{x - \mu}{\sigma}$$

Wenn uns ein mit μ und σ^2 normalverteiltes Merkmal X vorliegt, dann können wir über den »Umweg« der Standardnormalverteilung jede beliebige Wahrscheinlichkeit berechnen, z. B.

$$W(X \leq x) = W\left(Z \leq \frac{x - \mu}{\sigma}\right) = W(Z \leq z)$$

Ein Zahlenbeispiel zeigt die Vorgehensweise ganz konkret: Ein Merkmal X sei normalverteilt mit einem Erwartungswert von $\mu = 10$ und einer Varianz von $\sigma^2 = 16$. Nehmen wir an, wir möchten nun wissen, mit welcher Wahrscheinlichkeit X nur Werte von maximal 14 annimmt. Gesucht ist also die Wahrscheinlichkeit $W(X \leq 14)$. Nach Anwendung der Standardisierung wird daraus:

$$W(X \leq 14) = W\left(Z \leq \frac{14-10}{4}\right) = W(Z \leq 1)$$

Was bleibt, ist die Höchstwahrscheinlichkeit für $z = 1$ aus der Tabelle der Standardnormalverteilung abzulesen. Sie beträgt 0,8413.

Der Vorgang der Standardisierung sei grafisch nochmals illustriert. Dabei erkennen wir die Analogie in den Dichtefunktionen und in den Wahrscheinlichkeitsbereichen.

Letzten Endes vollziehen wir beim Standardisieren nur eine Maßstabstransformation.

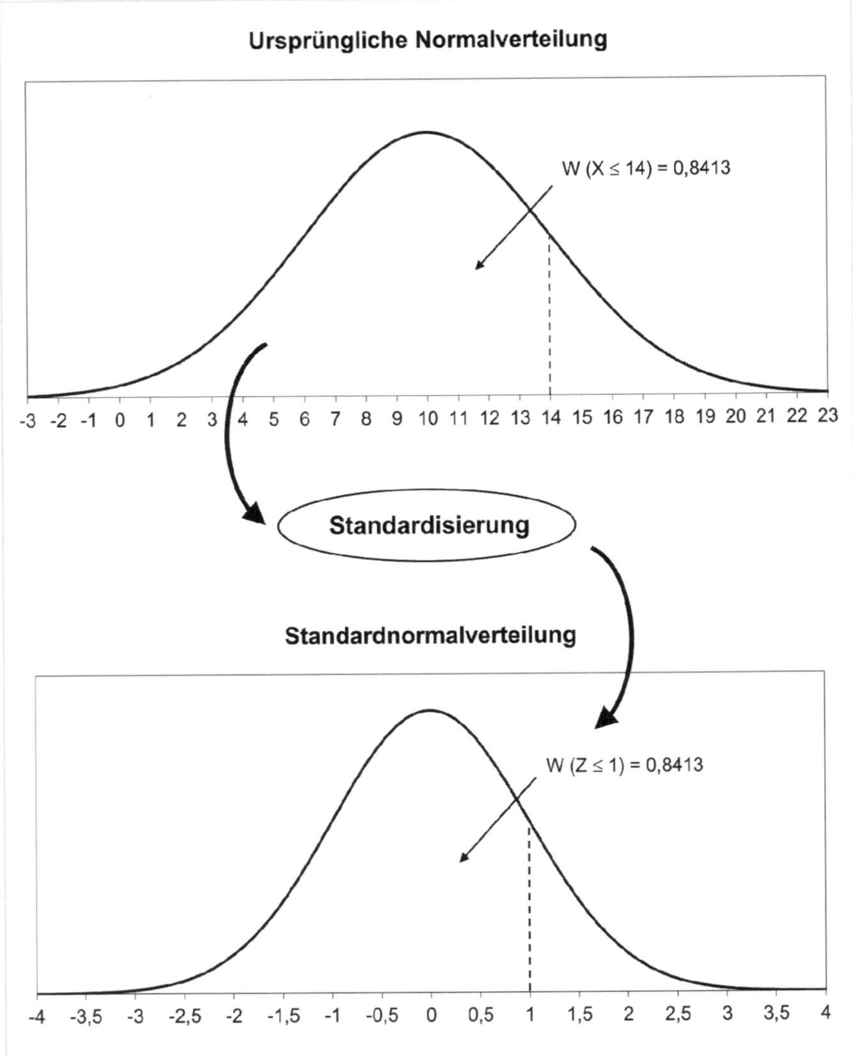

Abb. 7.13: Der Vorgang der Standardisierung

Sehen wir uns hierzu nochmals ein umfangreiches Beispiel aus der Praxis an:

Ein Unternehmen stellt Glühbirnen her und weiß aus Erfahrung, dass die Brenndauer einer bestimmten Sorte normalverteilt ist, und zwar mit einer mittleren Brenndauer von 1.200 [Stunden] bei einer Varianz von 10.000 [Stunden^2]. Die Zufallsvariable »Brenndauer« besitzt also die folgende Dichtefunktion:

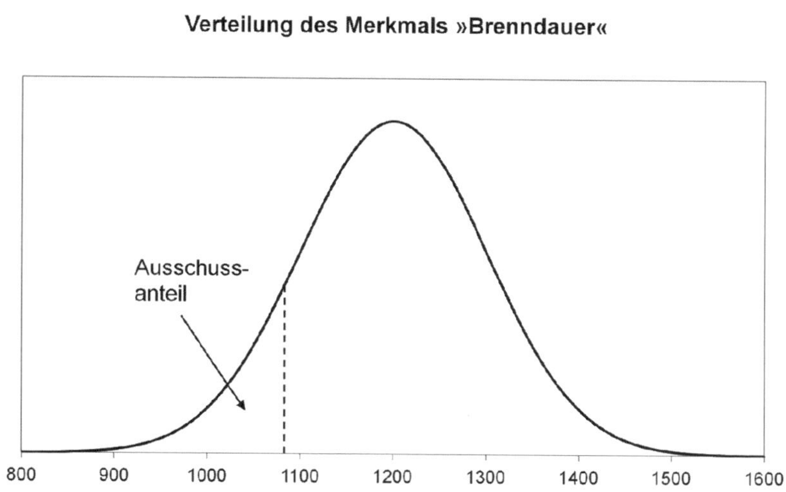

Abb. 7.14: Verteilung der Zufallsvariable »Brenndauer«

Glühbirnen mit einer zu geringen Brenndauer gelten als Ausschuss.

Frage1:

Die Bestimmungen bzgl. der vorzuweisenden Mindestbrenndauer (um nicht als Ausschuss zu gelten) sind streng. Glühbirnen die mehr als 10 % vom Normwert (1.200 Stunden) nach unten abweichen, sind nicht brauchbar. Welcher Ausschussanteil wird sich bei dieser Forderung ergeben?

10 % Abweichung nach unten führt zu einer Mindestbrenndauer von 1.080 Stunden. Wir suchen also jenen Anteil an Glühbirnen, der darunter liegt. Das ist gleichzusetzen mit der Wahrscheinlichkeit, dass eine Glühbirne weniger als 1.080 Stunden brennt. Gesucht ist also $W(X < 1.080)$.

Mittels Standardisierung von X erhalten wir

$$W(X < 1.080) = W\left(Z < \frac{1.080 - 1.200}{100}\right) = W(Z < -1{,}2)$$
$$= 1 - W(Z < 1{,}2) = 1 - 0{,}8849 = 0{,}1151$$

Es ist also mit einem Ausschussanteil von 11,51 % zu rechnen.

Frage2:

Nehmen wir an, der Ausschussanteil solle nur bei 10 % liegen. Welche Mindestbrenndauer müssten dann die Glühbirnen aufweisen, um nicht als Ausschuss zu gelten?

Zur Beantwortung dieser Frage rufen wir uns die Dichtfunktion ins Gedächtnis und kennzeichnen darin die Grenze, die die 10 % Ausschuss (Glühbirnen mit einer zu geringen Brenndauer) von den restlichen 90 % trennt. Dieser Grenzwert entspricht der gesuchten Brenndauer (Abbildung 7.15).

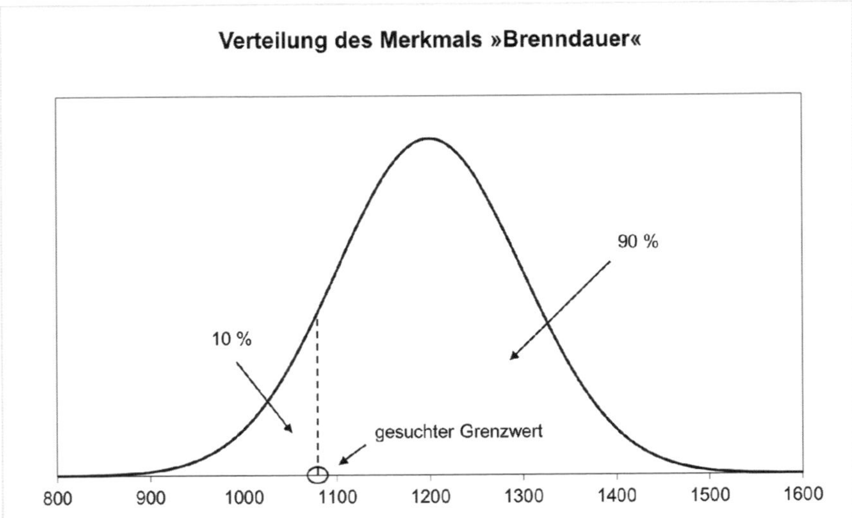

Abb. 7.15: Mindestbrenndauer als Quantilswert

Da links von diesem Wert eine Fläche bzw. Wahrscheinlichkeit von 0,1 liegt, handelt es sich um das 10%-Quantil. Für die Standardnormalverteilung kennen wir dieses Quantil. Es ist der z-Wert, für den die folgende Bedingung erfüllt ist:

$$W(Z \leq z) = 0{,}1$$

Den gesuchten z-Quantilswert $z(0{,}1)$ finden wir nicht in der Verteilungstabelle, aber aufgrund der Achsensymmetrie der Standardnormalverteilung gilt:

$$z(0{,}1) = -z(1-0{,}1) = -z(0{,}9)$$

Wir erhalten damit für $z(0{,}1)$ den Wert −1,28.

Wie kommen wir aber nun auf die Mindestbrenndauer? Dazu müssen wir quasi vom ermittelten z-Wert auf den gesuchten x-Wert »rücktransformieren«. Es gilt ja für jeden x-Wert einer Normalverteilung mit Erwartungswert μ und Varianz σ^2:

$$z = \frac{x - \mu}{\sigma}$$

Wenn uns nun der z-Wert bekannt ist und wir den x-Wert suchen, dann lösen wir diese Gleichung einfach nach x auf. Wir erhalten die Gleichung

$$x = z \cdot \sigma + \mu$$

In unserem Beispiel ergibt sich aus $z = -1{,}28$ der x-Wert $x = -1{,}28 \cdot 100 + 1.200 = 1.072$.

Legen wir die Mindestbrenndauer der Glühbirnen auf 1.072 Stunden fest, werden nur 10 % der Glühbirnen unter der Mindestbrenndauer liegen und als Ausschuss gelten.

7.3.2 Die Normalverteilung als Approximation empirischer Verteilungen

Die Normalverteilung hat eine große praktische Bedeutung, weil viele Merkmale »naturgemäß« als normalverteilt gelten. Wenn dem so ist, können beliebige Wahrscheinlichkeiten relativ einfach berechnet bzw. abgelesen werden. Das Gewicht, die Größe oder auch der Intelligenzquotient (IQ) von erwachsenen Personen ist normalverteilt.

Der IQ z. B. weist bei einer Standardabweichung von 15 einen Mittelwert von 100 auf. Das bedeutet, dass nur gut die Hälfte der Deutschen ab 18 Jahren mit einem IQ von maximal 100 aufwarten kann. Davon kann — so traurig das auch sein mag — definitiv ausgegangen werden.

Wie ist das aber mit empirisch beobachteten Verteilungen, also mit Verteilungen von Merkmalen, die wir gemessen, beobachtet oder erfragt haben?

Wie können wir z. B. überprüfen, ob die Verteilung der geleisteten Überstunden oder die Verteilung des Alters unserer Mitarbeiter (zumindest annähernd) einer Normalverteilung gleicht? Oder worauf gründet sich eigentlich die Erfahrung des Herstellers der Glühbirnen im letzten Beispiel über die normalverteilte Brenndauer seiner Produkte?

Falls uns zu den Merkmalen, deren »Normalität« wir prüfen wollen, eine (ausreichend große) Häufigkeitsverteilung vorliegt, ist es — zumindest im Rahmen einer Sichtprüfung — relativ einfach, herauszufinden, wie nahe die vorliegende Häufigkeitsverteilung einer Normalverteilung kommt.

Versuchen wir es anhand eines Beispiels und überprüfen wir, ob wir bei der Verteilung der Bruttomonatsgehälter unserer Mitarbeiter in der Produktionsabteilung zumindest annähernd von einer Normalverteilung ausgehen können.

Zunächst teilen wir die 50 Gehaltswerte in Klassen ein. Es empfiehlt sich — insbesondere im Hinblick auf den grafischen Vergleich — hierfür gleiche Klassenbreiten zu verwenden.

Wir erstellen ein relatives Histogramm, wobei wir aufgrund der identischen Klassenbreiten keine Normierung der relativen Häufigkeiten vornehmen müssen (siehe hierzu Kapitel 4.1, Seite 38).

Legen wir in Gedanken die Glockenkurve einer Normalverteilung darüber und lassen wir die Verteilung auf uns wirken. Abbildung 7.16 zeigt den Vergleich für das vorliegende Beispiel.

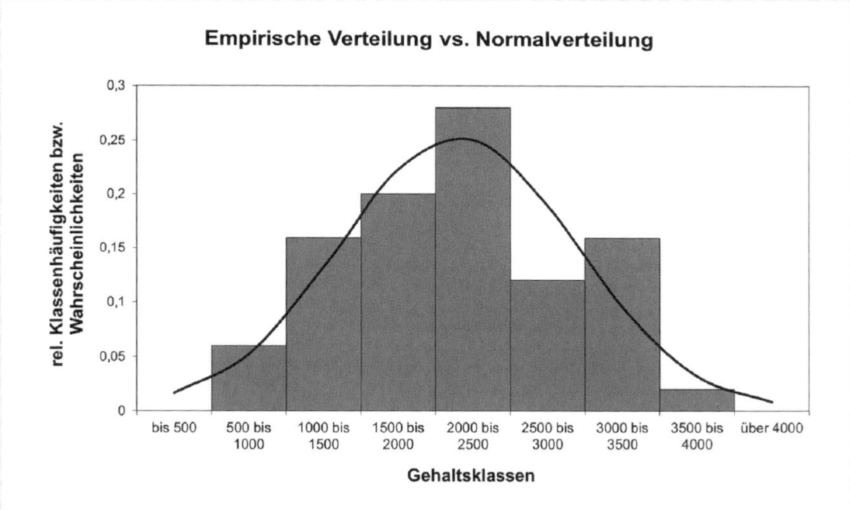

Abb. 7.16: »Sichtprüfung« auf Vorliegen einer Normalverteilung

Augenscheinlich haben wir es in den höheren Einkommensklassen mit einer deutlichen Abweichungen von der Normalverteilung zu tun. Die Annahme der Normalverteilung scheint aufgrund der sichtbaren Abweichungen nicht gerechtfertigt zu sein.

Selbstverständlich würden wir bei einem genaueren Vergleich nicht nur »Kurven«, sondern konkrete Werte der empirischen und der theoretischen Verteilungsfunktion vergleichen.

Eine statistisch fundierte Aussage über die Normalität der beobachteten Verteilung erhalten wir darüber hinaus erst dann, wenn die vorliegende Verteilung einen *signifikanten Unterschied* zu einer Normalverteilung aufweist. Hier bedarf es eines speziellen Verfahrens (Signifikanztest) aus dem Bereich der schließenden Statistik. In Kapitel 8 »So funktioniert die schließende Statistik« (Seite 167) werden wir einen solchen Test kennen lernen.

Eine rein sichtorientierte Entscheidung reicht also nicht aus, sie genügt aber oftmals im Rahmen einer Schnellprüfung und kann als erste Orientierung dienen.

7.3.3 Die Normalverteilung als Approximation diskreter theoretischer Verteilungen

Nicht nur empirische Verteilungen lassen sich oftmals durch die Normalverteilung annähern. Die Normalverteilung hat auch die schöne Eigenschaft, dass sie für viele andere theoretische Verteilungen als Approximation verwendet werden kann, und zwar egal, ob für stetige oder diskrete Verteilungen. Das hat natürlich den Vorteil, dass es die Berechnungen enorm erleichtert.

Zurückzuführen ist das letztlich auf den **Zentralen Grenzwertsatz**, der besagt, dass die Summe von Zufallsvariablen — egal wie die Variablen selbst verteilt sind — unter bestimmten Bedingungen annähernd normalverteilt ist.

Diesem Umstand verdankt die Normalverteilung ihre universelle und praktische Bedeutung. Er erklärt auch, warum so viele empirische Verteilungen der Normalverteilung nahekommen und durch sie recht gut näherungsweise beschrieben werden können. Im Detail brauchen wir uns mit dem Zentralen Grenzwertsatz nicht zu beschäftigen, interessant ist aber seine praktische Bedeutung. Machen wir uns das anhand eines Beispiels klar.

Nehmen wir eine Umfrage unter den Personen einer bestimmten Grundgesamtheit, von denen wir nur wissen, dass 30 % unserer Zielgruppe (z. B. weibliche Personen, Nichtraucher, Wähler einer bestimmten Partei, hoch affine Kunden für ein neues Produkt usw.) angehören.

Wählen wir nur fünf Personen zufällig aus, dann erhalten wir für die »Anzahl der zur Zielgruppe gehörenden Personen unter den Ausgewählten« (oder kurz: »Anzahl der Erfolge«) folgende Wahrscheinlichkeitsverteilung der Binomialverteilung.

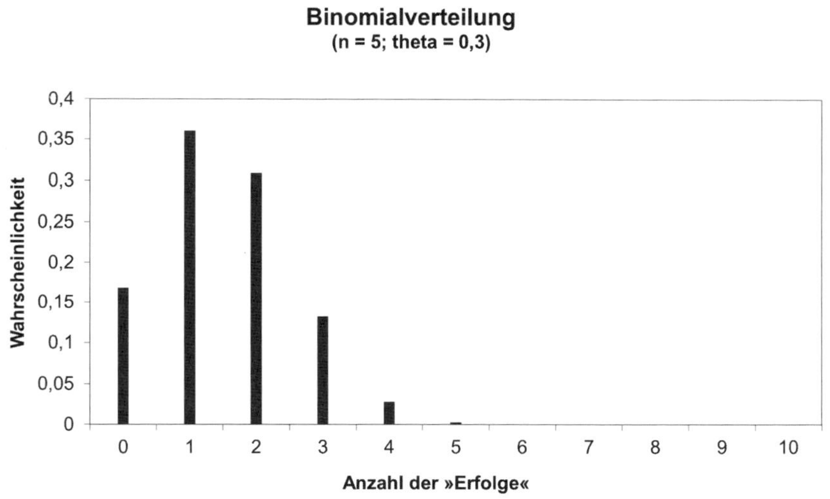

Abb. 7.17: Binomialverteilung bei kleiner Stichprobe

Wir erkennen hier eine etwas schiefe Verteilung, die der Form einer Normalverteilung nicht sonderlich ähnelt. Erhöhen wir aber den Wert des Parameters *n* z. B. auf 100, erhalten wir ein Stabdiagramm, das in seiner Form schon sehr an die Glockenkurve einer Normalverteilung erinnert.

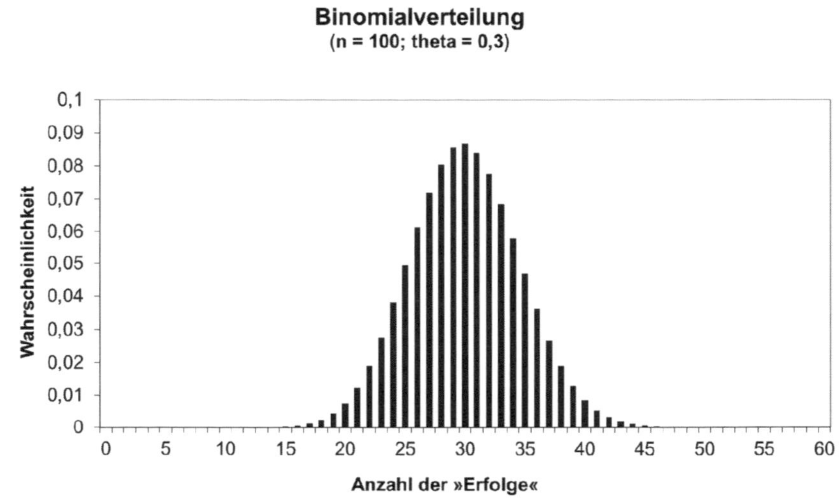

Abb. 7.18: Binomialverteilung bei großer Stichprobe

Die genauen Bedingungen, die für eine unbedenkliche Näherung der Binomialverteilung oder auch der Hypergeometrischen Verteilung an die Normalverteilung erfüllt sein sollten, kann man als »Faustregeln« bei Bedarf in der Formelsammlung nachsehen.

Die schöne Eigenschaft der Normalverteilung als »Grenzverteilung« kommt uns vor allem bei den Methoden der schließenden Statistik entgegen, mit deren Grundlagen wir uns im folgenden Kapitel beschäftigen wollen.

Zuvor werfen wir aber noch kurz einen Blick auf einige weitere stetige theoretische Verteilungen, die uns dort ebenfalls begegnen werden.

7.3.4 Weitere stetige theoretische Verteilungen

Bei den drei stetigen Verteilungen, die nun noch folgen, handelt es sich um nichtlineare Funktionen von mehreren normalverteilten Zufallsvariablen. Wir werden diese theoretischen Verteilungen nur der Vollständigkeit halber kurz betrachten, und weder auf ihr genaues Zustandekommen noch auf ihre Dichte- oder auf ihre Verteilungsfunktion näher eingehen. Sie sind aber dahin gehend von Bedeutung, dass sie im Rahmen der Schätz- und Testtheorie (schließende Statistik) Verwendung finden.

Die Chi-Quadrat-Verteilung

Bildet man die Summe von k quadrierten, standardnormalverteilten unabhängigen Zufallsvariablen, erhält man eine Chi-Quadrat-verteilte Zufallsvariable mit k sog. Freiheitsgraden. Die Anzahl k der Freiheitsgrade ist ein spezieller Funktionalparameter der **Chi-Quadrat-Verteilung**. Sie entspricht einfach der Anzahl der Summanden, aus der die Chi-Quadrat-Verteilung entsteht. Man sagt, *eine Zufallsvariable X sei Chi-Quadrat-verteilt mit k Freiheitsgraden* und bezeichnet sie mit: χ_k^2.

Die F-Verteilung

Der Quotient aus zwei Chi-Quadrat-verteilten Zufallsvariablen, die zuvor selber durch ihre jeweilige Anzahl an Freiheitsgraden dividiert wurden, führt zu einer F-verteilten Zufallsvariablen. Die **F-Verteilung** hat zwei Parameter (Freiheitsgrade); zum einen den der Chi-Quadrat-Verteilung im Zähler (erster Freiheitsgrad k_1) und zum anderen den der Chi-Quadrat-Verteilung im Nenner (zweiter Freiheitsgrad k_2). Man sagt, *eine Zufallsvariable X sei F-verteilt mit k_1 und k_2 Freiheitsgraden* und bezeichnet sie mit: F_{k_1,k_2}.

Die t-Verteilung

Als letztes betrachten wir noch die **Student**- oder **t-Verteilung**. Wir erhalten sie, wenn wir einen Quotienten betrachten, in dem im Zähler eine standardnormalverteilte Zufallsvariable und im Nenner die Wurzel aus einer durch ihre Freiheitsgrade dividierte Chi-Quadrat-verteilte Zufallsvariable steht. Dann hat die t-Verteilung einen Parameter (Freiheitsgrad), nämlich den der verwendeten Chi-Quadrat-Verteilung k. Man sagt, *eine Zufallsvariable X sei t-verteilt mit k Freiheitsgraden* und bezeichnet sie mit: t_k.

Meist benötigt man bei Schätz- oder Testproblemen nur spezielle Quantilswerte und die zugehörigen Wahrscheinlichkeiten einer der hier genannten theoretischen Verteilungen. Dabei ist es gut, zu wissen, dass diese Werte für alle drei genannten Verteilungen für unterschiedliche Parameterkonstellationen (Freiheitsgrade) in Tabellen vorliegen (siehe Anhang »Tabellen«). Eine Berechnung ist also glücklicherweise nicht erforderlich.

!

Zusammenfassung:

Von vielen gehasst oder zumindest mit Vorurteilen versehen ist die Wahrscheinlichkeitsrechnung. Sie war Gegenstand dieses Kapitels. Wir haben uns der Thematik so gut es ging behutsam genähert und so die wichtigsten Begriffe und Regeln, die hierbei eine Rolle spielen, kennengelernt. Was ist eine Wahrscheinlichkeit, wie kann man sie beschreiben, mit ihr rechnen und wozu braucht man sie? Das waren die Fragen, die wir hier beantwortet haben.

Des Weiteren haben wir erfahren, was eine Zufallsvariable ist. Sie lässt sich gleichsetzen mit einer statistischen Variablen, die aus einem Zufallsvorgang hervorgeht. Das Konzept der Zufallsvariablen ist deshalb so wichtig, weil es *die* zentrale Rolle im Rahmen der schließenden Statistik spielt.

Wir konnten uns theoretische Verteilungen und Verteilungsparameter (also Kennzahlen) von diskreten und stetigen Zufallsvariablen ansehen. Dabei haben wir uns auch der wichtigsten Verteilung in der Statistik überhaupt eingehend gewidmet, der Normalverteilung. Kenntnisse über die Eigenschaften und die Einsatzmöglichkeiten der Normalverteilung sind von großer praktischer Bedeutung, wenn man bedenkt, dass viele Merkmale »naturgemäß« normalverteilt sind.

Nach Abschluss dieses Kapitels sind wir bestens gerüstet, die grundlegenden Methoden, die uns die schließende Statistik eröffnet, zu verstehen und anzuwenden.

8 So funktioniert die schließende Statistik

Hier erfahren Sie ... !

- ... warum man von »schließend« spricht.
- ... wie unbekannte Parameter richtig geschätzt werden können.
- ... was ein statistischer Test ist und wie er abzulaufen hat.
- ... was sich mit Tests »beweisen« lässt und was nicht.
- ... welche weiteren Anwendungsgebiete die schließende Statistik bereithält.

Haben wir uns bisher nur den Möglichkeiten der Beschreibung von Daten gewidmet, schauen wir jetzt über den Tellerrand hinaus. Wir fassen die vorliegenden Daten nur als Werte einer *Stichprobe* auf, wollen aber von den Ergebnissen, die wir von der *Stichprobe* erhalten, auf eine dahinter stehende *Grundgesamtheit* schließen.

Stichproben sind keine Ausnahmen, sondern eher die Regel. Meist ist man aus verschiedenen Gründen gar nicht dazu in der Lage, alle Elemente einer Grundgesamtheit zu untersuchen, und muss sich mit einer mehr oder weniger umfangreichen Auswahl begnügen.

Denken Sie an große Grundgesamtheiten wie die deutsche Wahlbevölkerung oder alle Haushalte in einer Region. Meistens ist es schlichtweg zu teuer, zu zeitaufwendig oder einfach gänzlich unmöglich, die interessierenden Daten von allen Personen oder Objekten einer Grundgesamtheit zu erheben.

Nun spricht aber eine Stichprobe in erster Linie für sich selbst. Die Erkenntnisse, die aus der Stichprobe gezogen werden können, lassen sich also nicht ohne Weiteres auf die Grundgesamtheit übertragen. Dennoch bildet sie die Basis für den Versuch, konkrete Aussagen auch über die Grundgesamtheit zu machen.

! **Achtung:**

Die Verfahren der schließenden Statistik setzen genau dort an, wo man mit den Methoden der beschreibenden Statistik nicht mehr weiterkommt. Sie versuchen, die gewonnenen Erkenntnisse aus der Stichprobe auf die Grundgesamtheit »hochzurechnen«.

Dabei befasst man sich grundsätzlich mit zwei Verfahren:

Beim sog. **Schätzen** wird versucht, ausgehend von den berechneten Kennwerten aus einer Stichprobe (z. B. dem Mittelwert oder einem speziellen Anteilswert) auf dieselben Parameter in der Grundgesamtheit zu schließen.

Möchten wir wissen, welches Durchschnittseinkommen oder auch Durchschnittsalter eine spezielle Personengruppe aufweist, genügt es, die Daten von einem Teil der Gruppe zu erheben. Unter bestimmten Bedingungen lässt sich dann eine entsprechende Aussage über die gesamte Personengruppe treffen.

Stellt sich z. B. im Rahmen einer Stichprobenprüfung heraus, dass 5 % der getesteten Produkte als Ausschuss betrachtet werden müssen, lässt sich auch eine Aussage darüber treffen, mit welchem Ausschussanteil in der Gesamtproduktion gerechnet werden muss.

Man spricht also von einer Schätzung, wenn konkrete Parameter einer Grundgesamtheit (z. B. der Mittelwert oder der Anteilswert) mithilfe der analogen Kenngrößen einer Stichprobe geschätzt werden.

Eine Stichprobe lässt sich aber auch dazu verwenden, eine besondere Vermutung oder Behauptung (in der Statistik meist auch als Hypothese bezeichnet), die die Grundgesamtheit betrifft, zu überprüfen. Hier handelt es sich dann um das sog. **Testen** (von Hypothesen).

Hypothesen können z. B. spezielle Parameter der Grundgesamtheit betreffen, also z. B. Mittel- oder Anteilswerte. Mithilfe entsprechender Tests kann aber auch die gesamte Verteilung eines Merkmals in der Grundgesamtheit oder aber der statistische Zusammenhang von Merkmalen überprüft werden. Die Anwendungsmöglichkeiten sind vielfältig.

Wir werden uns lediglich die Grundidee eines statistischen Tests anhand einiger weniger praktikabler Testverfahren ansehen. Beginnen wollen wir aber mit den Schätzmethoden, deren Verständnis uns auch bei den Tests behilflich sein wird.

8.1 Das Schätzen von Parametern der Grundgesamtheit

8.1.1 Die Punktschätzung

Angenommen, wir möchten das Durchschnittsalter unserer Kunden erfahren. Dazu erheben wir eine Stichprobe, d. h. wir befragen rund 100 Kunden nach ihrem Alter. Dabei erhalten wir ein mittleres Alter von 33 Jahren. Können wir damit auf das mittlere Alter unseres gesamten Kundenbestandes schließen?

Unter bestimmten Bedingungen ist das durchaus möglich, nämlich dann, wenn die Stichprobe groß genug ist und wenn sie wirklich eine Zufallsauswahl darstellt. Wenn wir das Merkmal »Alter« als eine Zufallsvariable auffassen, die in der Grundgesamtheit eine bestimmte Verteilung hat, dann schätzen wir eigentlich nichts anderes als den Erwartungswert dieser Verteilung.

Der beste Schätzer für den Erwartungswert in einer Grundgesamtheit ist der Mittelwert der Stichprobe. Zwar wissen wir im konkreten Fall nicht, ob wir den »wahren« Wert mit unserem festgestellten Altersdurchschnitt tatsächlich treffen bzw. wie weit wir davon entfernt sind, es ist aber das Beste, was wir machen können. Entscheidend ist nämlich nur eines: Ein **Schätzer** ist dann geeignet, wenn er (neben anderen Eigenschaften) die Eigenschaft der **Erwartungstreue** besitzt.

Was heißt das?

Stellen wir uns vor, wir ziehen neben der ersten noch eine weitere zufällige Stichprobe im Umfang von 100 Kunden. Dann würden wir bestimmt einen anderen Mittelwert erhalten. Vielleicht würde er bei 36 Jahren liegen. Eine dritte Stichprobe würde vermutlich erneut ein anderes Durchschnittsalter liefern usw.

Es gibt sicher eine ganze Menge unterschiedlicher Stichproben im Umfang von 100 Kunden, die man ziehen könnte. Die genaue Anzahl ließe sich sogar mit einfacher Kombinatorik bestimmen, aber das ist hier nicht das Entscheidende. Wichtig ist nur, dass wir das Folgende erkennen: Würden wir alle möglichen Stichproben aus unserem Kundenbestand ziehen und bei jeder den Wert für den Altersmittelwert ermitteln, dann würde sich eine bestimmte Verteilung dieses Mittelwertes abzeichnen.

Wir würden eine gewisse Häufung um einen bestimmten Alterswert herum feststellen. Dieser Wert wäre der Erwartungswert dieser Verteilung. Er entspräche letztlich dem »wahren« Altersmittelwert in der Grundgesamtheit, den wir eigentlich schätzen wollen.

Selbstverständlich ziehen wir nur eine Stichprobe und erhalten auch nur einen Wert. Nach der Überlegung von oben lässt sich aber sagen, dass dieser Wert der »beste Schätzer« für den unbekannten Mittelwert der Grundgesamtheit ist. Es reicht nämlich schon, zu wissen, dass bei (zumindest gedanklich durchführbaren) mehreren Stichproben, der zu schätzende Wert »im Schnitt« herauskommen würde.

In Tabelle 8.1 sind die Schätzer für die unbekannten Parameter einer Grundgesamtheit aufgeführt. Dabei wurde jeweils eine formale Bezeichnung mit angegeben, die uns im weiteren Verlauf des Buches, nämlich dann, wenn wir uns konkreten Anwendungsbeispielen zuwenden, die Illustration erleichtert. Die gewählten Bezeichnungen sind darüber hinaus in den meisten Statistikbüchern zu finden.

Unbekannter Parameter in der Grundgesamtheit ...	**Wird am besten geschätzt mit dem Kennwert aus der Stichprobe ...**
Erwartungswert (Mittelwert) μ	Stichprobenmittelwert $\overline{X}$
Varianz σ^2	Stichprobenvarianz S^{*2}
Anteilswert θ	Stichprobenanteilswert P

Tab. 8.1: Grundgesamtheitsparameter und ihre »besten« Schätzer

Die exakten Formeln zur Berechnung der Werte der Schätzer können bei Bedarf der angehängten Formelsammlung entnommen werden. Es wird Ihnen vielleicht auffallen, dass für die Stichprobenvarianz, wenn man sie als Schätzer für die Grundgesamtheitsvarianz verwenden möchte, eine etwas andere Berechnungsformel gilt, als wir sie ursprünglich für die Varianz im Rahmen der deskriptiven Statistik (S^2) verwendet haben, weshalb wir sie etwas anders, nämlich mit S^{*2} kennzeichnen müssen. Auch muss man unterscheiden, welches Ziehungsmodell (mit oder ohne Zurücklegen) zugrunde liegt, denn dann gelten unterschiedliche Varianzschätzer. Dies hat aber rein inferentiell-statistische Gründe und wir müssen dem nicht weiter nachgehen.

Nun sind einzelne Werte als Schätzer zwar schnell zu ermitteln, aber sie sind nicht verifizierbar. Wir können zwar sagen, »im Schnitt« werden sie den Grundgesamtheitsparameter schon treffen, aber wie gut die Schätzung im Einzelnen ist, lässt sich nicht sagen. Das ist natürlich unbefriedigend. Irgendwie sollte es doch möglich sein, eine Aussage über die Qualität der Schätzung machen können.

Diesem Problem begegnen wir, wenn wir — ausgehend von der bisherigen **Punktschätzung**, bei der wir nur einen einzelnen (Punkt-) Schätzwert ermittelt haben — einen größeren Schätzbereich abstecken.

8.1.2 Die Bereichsschätzung

Eine **Bereichs**- oder **Intervallschätzung** sieht vor, dass wir ein bestimmtes Intervall um den Punktschätzwert (z. B. $\bar{x}$ oder p) angeben, von dem wir dann behaupten können, dass der unbekannte, zu schätzende Parameter (z. B. μ oder θ) mit einer bestimmten *Wahrscheinlichkeit* $(1 - \alpha)$ darin liegt. Die Gegenwahrscheinlichkeit (α) ist dann die Wahrscheinlichkeit, mit der der Grundgesamtheitsparameter nicht innerhalb des Intervalls um den Punktschätzwert liegt.

Man nennt ein derartiges Intervall in der Statistik **Konfidenz**- oder auch **Vertrauensintervall** zum Niveau $1 - \alpha$. Wählt man für α z. B. 0,05 (ein in der schließenden Statistik üblicher Wert), folgt für $1 - \alpha$ der Wert 0,95. Man spricht dann von einem *95%-Konfidenzintervall.*

Bereichsschätzung für den Erwartungswert einer Grundgesamtheit

Die Idee der Konfidenzschätzung ist eigentlich ganz einfach. Treiben wir unser Beispiel mit dem Durchschnittsalter zur Illustration noch etwas weiter. Die Überlegungen dazu können dann ohne Schwierigkeiten auch auf die Bereichsschätzung z. B. von Anteilswerten übertragen werden.

Ausgehend vom erhobenen Altersmittelwert in der Stichprobe, der bei 33 Jahren lag, wählen wir ein symmetrisch um den Wert 33 herum gelegenes Intervall (z. B. »31 bis 35 Jahre«), von dem wir behaupten können, dass der tatsächliche Altersdurchschnitt in der Grundgesamtheit mit einer gewissen (möglichst hohen) Wahrscheinlichkeit darin enthalten sein wird.

Nun stellen sich einige berechtigte Fragen: Welche Grenzen sollen wir wählen und wie groß sollte die »gewisse Wahrscheinlichkeit« sein?

Nun, es dürfte einleuchten, dass diese beiden Kriterien unmittelbar zusammenhängen. Bei einem breiteren Intervall ist die Wahrscheinlichkeit, dass der wahre Wert darin liegt, größer als bei einem schmaleren Intervall. Aber wie lässt sich ein solches Intervall exakt bestimmen? Dabei helfen uns die folgenden Überlegungen:

Nehmen wir an, das Merkmal X (in unserem Beispiel das Alter von Personen) sei in der Grundgesamtheit zumindest angenähert normalverteilt (beim »Alter von Erwachsenen« ist diese Annahme mehr als gerechtfertigt), wobei wir den Erwartungswert μ nicht kennen (sonst bräuchten wir hierfür keine Schätzung).

Im Grunde weist dann jedes Objekt (hier also jede Person) aus der Grundgesamtheit hinsichtlich des Merkmals X (Alter) dieselbe Verteilung auf. Man muss ja jeder Person vor der Ziehung grundsätzlich die gleiche Chance einräumen, ein bestimmtes Alter aufzuweisen.

Nun ziehen wir eine Stichprobe allgemein vom Umfang n. Die so ausgewählten Objekte (oder Personen) besitzen also alle die gleiche Wahrscheinlichkeitsverteilung wie das Merkmal X in der Grundgesamtheit. Wir können die erhaltenen Zufallsvariablen durchnummerieren und erhalten mit X_1, X_2, ..., X_n insgesamt n identisch verteilte sog. **Stichprobenvariablen**. Die Stichprobenvariablen sind quasi nur Kopien von X. Erst mit der Messung ergibt sich dann für jedes Objekt eine konkrete Ausprägung der jeweiligen Stichprobenvariablen.

Als Punktschätzer für den Erwartungswert μ dient uns der Stichprobenmittelwert $\overline{X}$, wobei wir bei einer konkreten Stichprobe vom Umfang n (in unserem Beispiel ist n gleich 100) auch einen konkreten Wert $\bar{x}$ (in unserem Beispiel gilt $\bar{x}$ gleich 33) erhalten. Wir wissen, dass sich grundsätzlich viele verschiedene $\bar{x}$-Werte ergeben könnten (würden wir viele verschiedene Stichproben ziehen), $\bar{X}$ also eine Zufallsvariable darstellt, die eine bestimmte Verteilung aufweist.

Die Verteilung des Schätzers $\bar{X}$ ist aber bekannt. Es handelt sich nämlich um eine Normalverteilung mit dem Erwartungswert μ und der Varianz σ^2/n. Dass der Erwartungswert des Schätzers gerade dem zu schätzenden Parameter (hier also μ) entspricht, ist ja die besondere Eigenschaft der Erwartungstreue, die wir oben schon erwähnt haben. Dass die Varianz von $\bar{X}$ der Varianz von X, dividiert durch den Stichprobenumfang n entspricht, ließe sich zwar einfach zeigen, wir wollen aber auf die Herleitung dieses Zusammenhangs verzichten und nehmen es einfach zur Kenntnis.

Nun wissen wir, dass der beobachte Stichprobenmittelwert $\bar{x}$ nur eine konkrete Ausprägung der Zufallsvariablen $\bar{X}$ darstellt. Außerdem ist bekannt, wie sich $\bar{X}$ bilden lässt, nämlich mithilfe der wohl bekannten Formel für das arithmetische Mittel:

$$\bar{X} = \frac{1}{n}\left(X_1 + X_2 + \ldots + X_n\right) = \frac{1}{n}\sum_{i=1}^{n} X_i$$

Wir erkennen sehr gut: $\bar{X}$ ist nichts anderes als eine lineare Funktion der Stichprobenvariablen X_1, X_2, ..., X_n, und die sind alle unabhängig voneinander und identisch normalverteilt.

Eine Eigenschaft der Normalverteilung, die man als **Reproduktivitätseigenschaft** bezeichnet, besagt nun, dass eine lineare Funktion mehrerer Normalverteilungen wieder zu einer Normalverteilung führt. Deshalb wissen wir, dass der Schätzer $\bar{X}$ normalverteilt ist. Wie wir gleich sehen werden, benötigen wir dieses Wissen unbedingt.

Achtung: !

Ohne die Verteilung der Schätzfunktion zu kennen, können wir kein Konfidenzintervall bilden! Es ist die zwingende Voraussetzung für eine Bereichsschätzung.

Was aber tun, wenn wir ein Merkmal X haben, von dem wir wissen oder bei dem wir zumindest davon ausgehen müssen, dass es *nicht* normalverteilt ist? Schließlich ist ja nicht jedes Merkmal von Natur aus normalverteilt.

Hier hilft uns eine weitere Eigenschaft der Normalverteilung weiter, die wir in Kapitel 7.3 (Seite 146) bereits kurz erwähnt haben. Sie besagt, dass sich *die Verteilung des Stichprobenmittelwerts $\overline{X}$ bei wachsendem Stichprobenumfang n einer Normalverteilung annähert, egal, wie das zugrunde liegende Merkmal X, aus dem die Stichprobenvariablen hervorgehen, verteilt ist.*

Was fällt uns auf?

Die eben beschriebene Eigenschaft der Normalverteilung ist eine Folgerung des Zentralen Grenzwertsatzes. Für uns heißt das schlicht und einfach: *Wenn wir nur eine genügend große Stichprobe ziehen, dann spielt die Verteilung des interessierenden Merkmals X keine Rolle; der Mittelwertschätzer $\overline{X}$ ist dann immer (annähernd) normalverteilt.*

Die Frage nach der Verteilung von $\overline{X}$ als Schätzer für μ wäre nun geklärt. Aber wozu haben wir diese Verteilung gleich noch mal benötigt?

Zur Erinnerung: Nur bei der Kenntnis der Verteilung von $\overline{X}$ können wir die Wahrscheinlichkeit dafür berechnen, dass für den Schätzer ein Wert resultiert, der in die Nähe seines Erwartungswertes, also in der Nähe des zu schätzenden Parameters, liegt.

Damit sind wir in der Bewertung der Güte unserer Schätzung schon ein ganzes Stück weiter. Wir können damit z. B. die Wahrscheinlichkeit angeben, mit der der Stichprobenmittelwert in einem bestimmten Intervall um seinen Erwartungswert liegt. Umgekehrt können wir uns auch eine Wahrscheinlichkeit von $1-\alpha$ vorgeben und dann die Intervallgrenzen bestimmen. Wir erhalten also:

$$W\left(\overline{x}_U \leq \overline{X} \leq \overline{x}_O\right) = 1-\alpha$$

Die Fläche unter der Dichtefunktion des Stichprobenmittelwerts $\overline{X}$ zwischen den Grenzen $\overline{x}_U$ (Untergrenze) und $\overline{x}_O$ (Obergrenze) beträgt $1-\alpha$. Dabei handelt es sich um die Wahrscheinlichkeit, dass der Stichprobenmittelwert in das durch diese Werte begrenzte Intervall fällt. Da es sich um ein symmetrisch um den Erwartungswert μ gelegenes Intervall handelt, teilt sich die verbleibende Fläche (bzw. Wahrscheinlichkeit α) zu gleichen Teilen zu jeweils $\alpha/2$ auf.

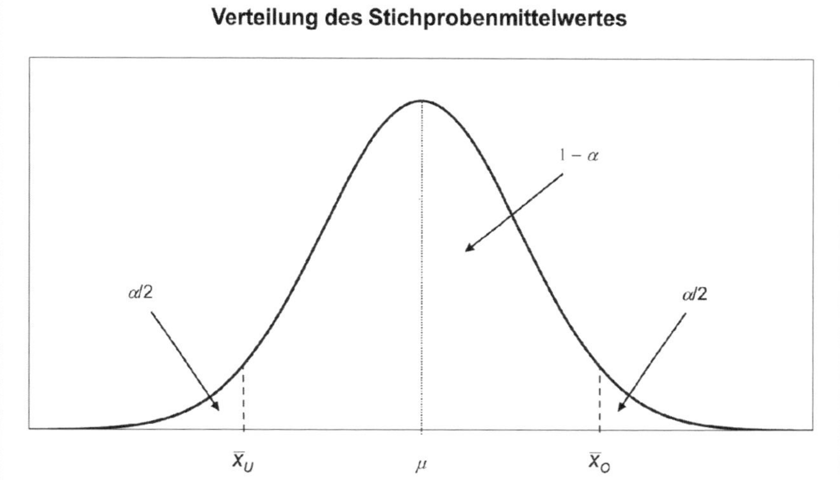

Abb. 8.1: Verteilung des Stichprobenmittelwertes

Da $\overline{X}$ mit dem Erwartungswert μ und der Varianz σ^2/n normalverteilt ist und jede normalverteilte Zufallsvariable — wie wir wissen — zu einer standardnormalverteilten Zufallsvariablen Z transformiert werden kann, folgt für die Grenzen (nach einigen Umstellungen):

$$\overline{x}_U = \mu - z(1-\tfrac{\alpha}{2}) \cdot \sqrt{\frac{\sigma^2}{n}}$$

$$\overline{x}_O = \mu + z(1-\tfrac{\alpha}{2}) \cdot \sqrt{\frac{\sigma^2}{n}}$$

Der mathematisch versierte Leser kann diese Grenzen leicht nachrechnen, notwendig ist es jedoch nicht. Sehen wir uns lieber an, was wir bis jetzt hergeleitet haben.

Uns liegt ein symmetrisch um μ gelegenes Intervall vor, in dem der Stichprobenmittelwert $\overline{X}$ mit der Wahrscheinlichkeit $1 - \alpha$ liegen wird. Aber dieses Intervall ist noch *nicht* unser gesuchtes Konfidenzintervall!

Das Konfidenzintervall soll ja symmetrisch um $\overline{X}$ herum einen Bereich abstecken, in den μ mit der Wahrscheinlichkeit $1 - \alpha$ fällt. Aus der Formel

$$W(\underbrace{\mu - z(1-\tfrac{\alpha}{2}) \cdot \sqrt{\tfrac{\sigma^2}{n}}}_{\overline{x}_u} \leq \overline{X} \leq \underbrace{\mu + z(1-\tfrac{\alpha}{2}) \cdot \sqrt{\tfrac{\sigma^2}{n}}}_{\overline{x}_o}) = 1 - \alpha$$

erhalten wir durch einfaches Umstellen die Formel

$$W(\underbrace{\overline{x} - z(1-\tfrac{\alpha}{2}) \cdot \sqrt{\tfrac{\sigma^2}{n}}}_{UG} \leq \mu \leq \underbrace{\overline{x} - z(1-\tfrac{\alpha}{2}) \cdot \sqrt{\tfrac{\sigma^2}{n}}}_{OG}) = 1 - \alpha$$

in die wir gleich den realisierten Stichprobenmittelwert $\overline{x}$ eingesetzt haben, der uns die konkreten Grenzen berechnen lässt. Diese Formel beschreibt nun nichts anderes als das von uns gesuchte Konfidenzintervall. Sie besagt:

Die Wahrscheinlichkeit, dass der unbekannte (zu schätzende) Parameter μ von dem Intervall um den Puntschätzwert $\overline{x}$ herum überdeckt wird, beträgt $1 - \alpha$.

Wie sieht die konkrete Intervallschätzung in unserem Beispiel aus?

Nehmen wir an, wir möchten ein 95%-Konfidenzintervall bestimmen, also ein Intervall, in das der unbekannte Altersmittelwert der Grundgesamtheit mit einer Sicherheit von 95 % liegt. Da $1 - \alpha$ gleich 0,95 ist, folgt für $1 - \alpha$ der Wert 0,05.

Des Weiteren benötigen wir das Durchschnittsalter der Stichprobe. Es beträgt 33 Jahre. Was ist mit der Varianz in der Grundgesamtheit σ^2? Sie kommt in der Formel von oben ja auch vor.

Ist die Varianz in der Grundgesamtheit — wie hier — nicht bekannt, ersetzen wir sie einfach durch ihren Punktschätzwert, also den realisierten Wert der Stichprobenvarianz s^{*2}. Die Stichprobenvarianz lässt sich ja mithilfe der erhobenen Alterswerte leicht berechnen.

Nehmen wir an, wir hätten das getan und dabei eine Varianz von $s^{*2} = 49$ erhalten. Setzen wir diesen Wert zusammen mit $\bar{x} = 33$, $n = 100$ und $\alpha = 0{,}05$ in die Formel von oben ein, dann erhalten wir Folgendes:

$$W(\underbrace{33 - z(0{,}975) \cdot \sqrt{\tfrac{49}{100}}}_{UG} \leq \mu \leq \underbrace{33 + z(0{,}975) \cdot \sqrt{\tfrac{49}{100}}}_{OG}) = 0{,}95$$

Für das z-Quantil $z(0{,}975)$ ermitteln wir aus der Tabelle der Standardnormalverteilung einen Wert von 1,96. Damit ergibt sich letztlich ein Konfidenzintervall mit einer Untergrenze (UG) von 31,63 und einer Obergrenze (OG) von 34,37 Jahren.

Wir können also aufgrund unserer Stichprobe das Durchschnittsalter aller Personen der Grundgesamtheit mit 95%iger Sicherheit in einen Bereich zwischen 31,63 und 34,37 Jahren schätzen.

Bereichsschätzung für den Anteilswert

Der Anteilswert θ in einer Grundgesamtheit (z. B. der Anteil der Männer, der Raucher, der Wähler einer Personengesamtheit oder der Anteil der fehlerhaft produzierten Teile in einem Produktionslos usw.) lässt sich im Rahmen einer Stichprobenziehung wieder »punktschätzen«. Der Stichprobenanteilswert P ist hier wieder das Maß aller Dinge, wenn es ums Schätzen geht.

Natürlich kann man auch bei dieser Schätzung wieder danebenliegen und möchte zur Quantifizierung der Güte der Schätzung lieber wieder einen Schätzbereich angeben.

Die Überlegungen zur Bestimmung eines entsprechenden Konfidenzintervalls gelten natürlich auch hier. Allerdings haben wir es nun mit einem dichotomen Merkmal mit nur zwei möglichen Ausprägungen (Männer/Frauen, Raucher/Nichtraucher, fehlerhafte/fehlerfreie Teile) zu tun und nicht mit einem metrischen Merkmal (wie dem Alter).

Wir messen in der Stichprobe z. B. die Anzahl der »interessierenden Sorte« und wissen, dass sie — je nachdem, ob wir eine Stichprobenziehung nach dem Modell mit oder ohne Zurücklegen durchführen, binomial- oder hypergeometrisch verteilt ist. Folglich liegt für dieses Mal keine Normalverteilung, ja nicht einmal eine stetige Verteilung vor!

Aber erinnern wir uns an die Ausführungen zur Binomialverteilung. Wir haben gesehen, dass sie bei genügend großem *n* sehr stark der Form einer Normalverteilung ähnelt. Und der Zentrale Grenzwertsatz, von dem wir auch schon im vorigen Kapitel gehört haben, lässt sich natürlich auch hier anwenden.

Letztlich ist es völlig egal, wie das uns interessierende Merkmal verteilt ist, wichtig ist, dass die Stichprobe eine gewisse Größe aufweist. Dann kann getrost von einer Normalverteilung ausgegangen werden. Die Herleitung der Konfidenzintervalle für die Anteilswerte im Modell mit oder ohne Zurücklegen verläuft analog.

Wir verzichten deshalb auf eine detaillierte Darstellung und schauen uns für den Fall eines Modells ohne Zurücklegen lediglich die Bedingung für die Intervallschätzung an. Dazu betrachten wir gleich ein Beispiel und berechnen ein konkretes Intervall.

Es werden $n = 200$ Bauteile im Rahmen einer Stichprobenkontrolle aus der Produktion ausgewählt. Der Gesamtumfang der Produktion beträgt $N = 4.000$. In der Stichprobe werden fünf fehlerhafte Teile gezählt. Der Stichprobenanteilswert (p) beträgt also 0,05 bzw. 5 %. Das wäre der Punktschätzwert für den Anteil der defekten Teile in der Gesamtproduktion.

Die Bereichsschätzung sieht nun wieder vor, dass um den Stichprobenanteilswert herum ein symmetrisches Intervall gezogen wird, in dem der »wahre« Anteilswert an der Grundgesamtheit mit einer Wahrscheinlichkeit von $1 - \alpha$ liegt. Die entsprechende Bedingung lautet hier:

$$W(\underbrace{p - z(1-\tfrac{\alpha}{2}) \cdot \sqrt{\frac{p\cdot(1-p)}{n}\frac{N-n}{N-1}}}_{UG} \leq \theta \leq \underbrace{p + z(1-\tfrac{\alpha}{2}) \cdot \sqrt{\frac{p\cdot(1-p)}{n}\frac{N-n}{N-1}}}_{OG}) = 1-\alpha$$

Wenn Sie die Formel mit der im letzten Kapitel hergeleiteten vergleichen, fällt Ihnen sicher die Analogie auf, die zwischen beiden Formeln herrscht. Wir haben lediglich den Erwartungswert μ und seinen Punktschätzwert $\bar{x}$ durch den Anteilswert θ und dessen Schätzwert p ersetzt.

Der Ausdruck, der unter der Wurzel steht, entspricht in beiden Fällen der Standardabweichung des entsprechenden Punktschätzers. Im obigen Fall sieht die Formel zwar etwas komplizierter aus, enthält aber lediglich Parameter die wir aufgrund der Stichprobe kennen und einfach nur einzusetzen haben.

Für das Beispiel liegen die folgenden Größen vor: $n = 200$, $N = 4.000$ und $p = 0,05$. Wählen wir erneut ein Konfidenzniveau von 95 %, ist α wieder 0,05, was zu einem z-Quantilswert von 1,96 führt.

Wer möchte, kann nun die Grenzen berechnen. Für die Untergrenze des Konfidenzintervalls sollte sich 0,021 und für die Obergrenze 0,079 herausstellen.

Damit können wir aufgrund unseres Stichprobenergebnisses behaupten, dass der Ausschussanteil an der Gesamtproduktion mit einer Sicherheit von 95 % zwischen 2,1 % und 7,9 % liegt.

Übrigens: Im Fall des Modells mit Zurücklegen hätten wir dieselbe Bedingung. Lediglich der Ausdruck unter der Wurzel $(N-n)/(N-1)$ würde wegfallen, das Konfidenzintervall wäre also noch einfacher zu bestimmen.

Falls wir aber einen genügend kleinen Auswahlsatz n/N (kleiner 0,05) haben, können wir das so vereinfachte Intervall auch im Modell ohne Zurücklegen verwenden. Dahinter steht die Approximation der Hypergeometrischen Verteilung durch die Binomialverteilung (vergleichen Sie hierzu Kapitel 7.2, Seite 140).

Bestimmung des erforderlichen Stichprobenumfangs

Der Stichprobenumfang geht unmittelbar in die Formel zur Festlegung der Konfidenzintervalle ein. Es ist aber auch ohne Betrachtung der Formeln klar, dass die Genauigkeit der Schätzung – sprich: die Breite eines Konfidenzintervalls – auch vom Stichprobenumfang abhängen muss.

Für den Fall, dass der Stichprobenumfang nicht frei wählbar ist, lässt sich die Breite und damit auch die Sicherheit der Schätzung einzig über den Wert für α beeinflussen. Je kleiner α ist, desto größer ist das Konfidenzniveau $1-\alpha$ und umso größer wird der z-Quantilswert.

Das ist unmittelbar einsichtig: Wenn wir mit einer größeren Sicherheit schätzen wollen, dann müssen wir unser Intervall breiter machen, damit der zu schätzende Parameter eine höhere Chance hat, in das Intervall zu fallen.

Die andere Stellschraube für die Güte der Schätzung stellt der Stichprobenumfang dar. Sofern wir ihn also frei festlegen können, sollten wir ihn möglichst hoch wählen. Dadurch erhöht sich die Sicherheit bei gleicher Breite des Intervalls.

Oft ist es so, dass eine bestimmte Schwankungsbreite (sprich die Breite des Konfidenzintervalls) und eine geforderte Sicherheit vorgegeben sind. Die Frage ist dann, wie hoch wir den Stichprobenumfang wählen müssen, damit wir die geforderte Sicherheit gewährleisten können. Ein kleines Beispiel soll diese Überlegung verdeutlichen.

Bei einer Wahlumfrage möchten wir das Wahlergebnis für eine von zwei Parteien mit einer Sicherheit von 95 % so präzise schätzen, dass die Breite des Schätzintervalls nur um einen Prozentpunkt nach oben und unten abweicht.

Wir haben es also mit einem Konfidenzintervall für den Anteilswert θ (Anteil der Wähler der Partei A) zu tun. Das Merkmal »Anzahl der Wähler für Partei A« ist hypergeometrisch verteilt (weil wir ohne Zurücklegen ziehen, d. h. keine Person mehr als einmal befragen). Da wir von einem relativ großen Grundgesamtheitsumfang (alle wahlberechtigten Personen) ausgehen, dürfen wir aber das Modell ohne Zurücklegen durch das Modell mit Zurücklegen ersetzen (d. h. die Binomialverteilung anstelle der Hypergeometrischen verwenden), mit der Folge, dass wir die Breite des Konfidenzintervalls einfach mit

$$2 \cdot \underbrace{z(0{,}975)}_{=1{,}96} \cdot \sqrt{\frac{p(1-p)}{n}}$$

ausdrücken können. Die so bestimmte Breite ist nun auf maximal 0,02 (also höchstens ± 1%-Punkt um den Stichprobenanteilswert herum) festzulegen.

Daraus resultiert eine einfache Gleichung, in der sich leider immer noch zwei unbekannte Größen befinden, nämlich der gesuchte Stichprobenumfang *n* und der Wähleranteil *p*. Das ist eine Unbekannte zu viel!

Das Problem besteht darin, dass gerade der Stichprobenanteilswert *p* erst mit der Ziehung der Stichprobe ermittelt wird, wir uns aber erstmal Gedanken über den eigentlichen Stichprobenumfang für die Ziehung machen wollen. Ein Ding der Unmöglichkeit!

Wir behelfen uns in dieser Situation damit, dass wir für den Anteilswert *p* einen Wert einsetzen, den wir aus früheren Ergebnissen (z. B. aus einer früheren Stichprobe) kennen oder als realistisch für den Anteilswert ansehen. Wir tricksen hier etwas, aber sofern frühere und auch jetzt noch realistische Schätzungen vorliegen, können wir sie ohne größere Bedenken verwenden.

Nehmen wir an, ein realistischer Wert, der sich auch bei einer der letzten Umfragen so ergeben hat, sei 25 % für den Wähleranteil der Partei A. Wir setzen nun diesen Wert für *p* in die obige Formel ein. Wenn wir den erhaltenen Ausdruck dann mit der maximalen Breite von 0,02 gleichsetzen und nach *n* auflösen, erhalten wir einen notwendigen Stichprobenumfang von 7.203.

Wir müssten also 7.203 Wählberechtigte befragen, um das Wahlergebnis für die Partei A mit einer Sicherheit von 95 % auf den Bereich »24 % bis 26 %« prognostizieren zu können.

Ganz interessant ist vielleicht der Vergleich mit dem Fall, in dem man lediglich »die üblichen 1.000« Personen befragt. Wollte man damit das Konfidenzintervall ähnlich eng auf 1 % Schwankung nach oben und unten festlegen, würde die Sicherheit der Schätzung von 95 % auf unter 86 % sinken. Auf der anderen Seite müsste man für ein gleich hohes Vertrauen von 95 % bei nur 1.000 befragten Personen ein entsprechend breiteres Intervall, nämlich »von 22,3 % bis 27,7 %«, in Kauf nehmen.

Praxistipp zum Präsentieren:

Wenn Sie unbekannte Größen mithilfe von Stichproben schätzen, dann vermeiden Sie es, lediglich eine Punktschätzung zu präsentieren. Vielmehr sollten Sie darauf achten, alle Aspekte, die den »Wert« und die »Genauigkeit« Ihrer Schätzung bestimmen, zu nennen.

Es empfiehlt sich also einen Schätzbereich anzugeben – und mit ihm auch das zu Grunde gelegte Konfidenzniveau und den Stichprobenumfang.

8.2 Das Testen von Hypothesen

Im Rahmen der Testverfahren soll nun die Frage behandelt werden, wie mithilfe von Zufallsstichproben getestet werden kann, ob bestimmte Hypothesen (Annahmen, Behauptungen, Vermutungen) über unbekannte Grundgesamtheiten zutreffen oder nicht. Man nennt solche Testverfahren deshalb auch **Hypothesentests** bzw. **Signifikanztests**.

8.2.1 Die Grundkonzeption eines Tests

So wie mit Schätzverfahren keine exakten Schätzungen angegeben werden können, kann auch im Rahmen von Hypothesentests mithilfe von Stichproben nicht definitiv festgestellt werden, ob die Hypothese richtig oder falsch ist. Wir können also nicht wirklich sagen, ob sie zutrifft oder nicht. Die gefasste Hypothese als Ergebnis eines statistischen Tests können wir somit nur beibehalten oder verwerfen. Dabei kommt es darauf an, dass die Wahrscheinlichkeit, eine richtige Hypothese zu verwerfen und eine falsche Hypothese beizubehalten, nicht allzu groß ist.

Man unterscheidet zwischen verschiedenen Arten von Hypothesen bzw. Tests:

- Hypothesen über unbekannte Parameter einer Grundgesamtheit (**Parameterhypothesen**), die mit sog. ***Parametertests*** überprüft werden; z. B. ein Test für einen Erwartungs- oder einen Anteilswert.
- Hypothesen über die unbekannte Verteilung einer Grundgesamtheit (**Verteilungshypothesen**), die mit sog. ***Verteilungstests*** überprüft werden; z. B. ein Test, ob eine gegebene Verteilung (annähernd) einer Normalverteilung entspricht.

- Hypothesen über den Zusammenhang bzw. die Unabhängigkeit von Zufallsvariablen (**Unabhängigkeitshypothesen**), die mit sog. ***Unabhängigkeitstests*** überprüft werden; z. B. ein Test bzgl. des empirisch festgestellten Korrelationskoeffizienten.

Wir werden uns nur mit den gängigsten der beiden erstgenannten Typen von Hypothesentests beschäftigen, da Unabhängigkeitstests eine ähnliche Teststruktur aufweisen wie Verteilungstests. Die Grundkonzeption der Tests wollen wir im Folgenden ausführlich anhand eines allgemein gehaltenen Parametertests verdeutlichen. Weitere Testverfahren werden am Ende des Kapitels in einem Überblick kurz angesprochen.

Angenommen, es läge ein Merkmal (z. B. erneut ein metrisches Merkmal wie das »Alter« oder ein dichotomes Merkmal wie »defekte/nicht defekte Teile«) vor, das in der Grundgesamtheit mit einem bestimmten Parameter π verteilt ist. Wir wollen die Ausführungen ganz allgemein halten und wählen deshalb diese Bezeichnung für unseren unbekannten Parameter. Es könnte sich dabei z. B. um den Erwartungswert μ, den Anteilswert θ oder die Varianz σ^2 handeln.

Nun möchten wir eine statistisch fundierte Entscheidung darüber fällen, welche von zwei konkurrierenden Behauptungen bezüglich dieses Parameters zutrifft. Es ließe sich z. B. eine Hypothese, die behauptet, der Parameter π nehme in der Grundgesamtheit einen bestimmten Zahlenwert π_0 an, gegen eine Alternative testen. Man spricht von der **Nullhypothese** und der **Alternativhypothese** und bezeichnet sie meist mit H_0 und H_1. In unserem speziellen Fall könnten diese Hypothesen wie folgt lauten:

$$H_0 : \pi = \pi_0 \quad \text{gegen} \quad H_1 : \pi \neq \pi_0$$

Beim statistischen Testen gilt eine in der Nullhypothese formulierte Behauptung zunächst einmal als zutreffend (Ausgangspunkt Null, daher Nullhypothese). Erst wenn es »genügend« Gründe gibt, die gegen die Behauptung der Nullhypothese sprechen, werden wir ihr nicht mehr glauben und uns für die Alternativhypothese entscheiden.

Wichtig ist, zu verstehen, dass Sie mithilfe von Hypothesentests eine in der Nullhypothese formulierte Behauptung *nicht* definitiv *beweisen* können. Sie können sich lediglich für eine Nullhypothese entscheiden, weil nicht genügend Indizien für ihre Ablehnung sprechen.

Stellen Sie sich das wie in einem Indizienprozess im Strafrecht vor. Zunächst gilt ein Angeklagter als unschuldig (Nullhypothese). Diese Annahme gilt solange, bis man genügend »Indizien« gesammelt hat, die die Unschuldsvermutung unwahrscheinlich erscheinen lassen. Erst dann würde man sich gegen die Nullhypothese (»Angeklagter ist unschuldig«) entscheiden und den Angeklagten verurteilen, sprich die Alternativhypothese wählen (»Angeklagter ist schuldig«). Diese Indizien, die mehr oder weniger für oder gegen die Nullhypothese sprechen, liefert beim statistischen Testen die Stichprobe.

! **Tipp:**

Formulieren Sie die eigentliche Arbeitshypothese, die Sie überprüfen wollen, wenn möglich als Alternativhypothese. Sie wird damit erst dann als gültig akzeptiert, wenn genügend Gründe für das Verwerfen ihres Gegenteils – der Nullhypothese – sprechen!

Zur Entscheidung für oder gegen die Nullhypothese wird also eine Stichprobe gezogen, deren Ergebnis eine Wahrscheinlichkeitsaussage darüber ermöglichen soll, ob der Nullhypothese weiter geglaubt werden kann oder nicht. Je nachdem, welches konkrete Ergebnis die Stichprobe liefert, wird man H_0 entweder ablehnen (verwerfen, zurückweisen) oder nicht ablehnen (also annehmen).

Da wir uns lediglich auf die Ergebnisse einer Stichprobe stützen, können wir uns in keinem Fall ganz sicher sein, dass wir das Richtige tun. Fehlentscheidungen sind immer möglich!

Die Ablehnung der Nullhypothese kann entweder die richtige oder die falsche Entscheidung sein. Ist die Nullhypothese in Wahrheit falsch, treffen wir mit ihrer Ablehnung die richtige Entscheidung. Trifft sie aber in Wahrheit zu, fällen wir mit ihrer Ablehnung die falsche Entscheidung. Wir können also einen Fehler machen.

Den Fehler, eine richtige Nullhypothese fälschlicherweise abzulehnen, nennt man Fehler 1. Art oder α-Fehler.

Die Wahrscheinlichkeit für einen solchen Fehler beträgt α. Man spricht hierbei auch von der sog. **Irrtumswahrscheinlichkeit** oder vom **Signifikanzniveau**.

Diesen Fehler möchte man so gering wie möglich halten. Deshalb gibt man sich in der Regel vor einem Test einen maximal zulässigen Wert für α vor, den man nicht überschreiten darf. Üblich sind in der Praxis 5 %.

Aber auch die Nichtablehnung (»Annahme«) von H_0 kann richtig oder falsch sein. Falls die Nullhypothese in Wirklichkeit zutrifft, treffen wir damit die richtige Entscheidung. Einen Fehler machen wir mit der Nichtablehnung aber dann, wenn die Nullhypothese in Wahrheit falsch ist.

Den Fehler, eine falsche Nullhypothese nicht abzulehnen, nennt man Fehler 2. Art oder β-Fehler.

Die Wahrscheinlichkeit hierfür wird mit β bezeichnet.

Ein einheitlicher konkreter Wert für β wird bzw. kann meist gar nicht explizit vorgegeben werden, dennoch ist es das Ziel, das Testverfahren so zu konzipieren, dass die Wahrscheinlichkeiten für beide Fehler in vertretbaren Grenzen gehalten werden.

Die beiden Fehlerwahrscheinlichkeiten α und β sind zwar keine Komplementärwahrscheinlichkeiten zueinander, trotzdem geht mit einer Verringerung des Fehlers 1. Art immer eine Erhöhung des Fehlers 2. Art einher.

Da das Risiko eines Fehlers 1. Art stärker gescheut wird, weil es hierbei zur Ablehnung einer in Wahrheit richtigen Nullhypothese kommt, soll dieser Fehler möglichst gering sein. Übersetzen wir dies auf unsere Vergleichssituation beim Indizienprozess, so ist dies einleuchtend. Die Entscheidung, jemanden trotzdem zu verurteilen, obwohl er tatsächlich unschuldig ist, wäre wohl der schwerwiegendere Fehler.

Natürlich wäre es ganz einfach, den Fehler 1. Art auf Null zu reduzieren. Wir bräuchten es nur zur Entscheidungsregel machen, die Nullhypothese nie zu verwerfen. Damit wäre aber automatisch $\beta = 1$. Ein solcher Test würde aber eine falsche Nullhypothese nie erkennen und wäre damit nutzlos. Ein bisschen Fehler 1. Art muss also schon sein.

Die folgende Tabelle fasst die möglichen Fehler, die man — je nach Entscheidung — bei einem statistischen Test begehen kann, nochmals zusammen:

	H_0 wird abgelehnt	**H_0 wird nicht abgelehnt**
H_0 ist richtig	α-Fehler	richtige Entscheidung
H_0 ist falsch	richtige Entscheidung	β-Fehler

Tab. 8.2: Fehlerarten beim statistischen Testen

Die Festlegung des Signifikanzniveaus ist neben der Aufstellung der Null- und der Alternativhypothese nur der erste Schritt eines jeden Testverfahrens. Insgesamt umfasst das Standardschema beim Testen fünf Schritte, die der Übersichtlichkeit halber auch immer in der richtigen Reihenfolge durchgeführt werden sollten:

1. Aufstellen der Nullhypothese und der Alternativhypothese und Festlegung des Signifikanzniveaus,
2. Festlegung einer geeigneten Prüfgröße und Bestimmung ihrer Verteilung bei Gültigkeit der Nullhypothese,
3. Berechnung des Wertes der Prüfgröße aus der Stichprobe,
4. Bestimmung des kritischen Bereichs (Ablehnungs- bzw. Nichtablehnungsbereich),
5. Testentscheidung und Interpretation.

Mit Punkt 1 haben wir uns schon beschäftigt. Die anderen Schritte bedürfen einer genaueren Betrachtung. Wir werden sie im nächsten Kapitel, wenn es beispielhaft um den Test bezüglich des Erwartungswertes einer Grundgesamtheit geht, ausführlich und unterstützt durch ein konkretes Beispiel durchgehen. Die Überlegungen, die wir dort anstellen, können dann leicht auf die weiteren Tests übertragen werden.

8.2.2 Tests für den Erwartungswert einer Grundgesamtheit

Betrachten wir ein Beispiel aus der Qualitätskontrolle und versuchen wir, die soeben kennengelernte Grundidee eines statistischen Tests schrittweise anzuwenden. Hierbei können wir unterscheiden zwischen einem zweiseitigen und einem einseitigen Test.

Zweiseitige Tests

Uns liegt das metrische Merkmal X vor. Es ist definiert als die »Länge von Bauteilen«, die wir als Zwischenlieferant produzieren. Die Länge soll von einem Normwert von 50 cm nicht zu weit abweichen, weil sonst der Abnehmer der Bauteile die Abnahme verweigert.

Leider sind Abweichungen hinsichtlich der Länge möglich, weil die Anlagen zur Produktion der Bauteile nicht mehr auf dem neuesten Stand der Technik sind. Wir als Hersteller der Bauteile behaupten nun, die Länge betrage im »Schnitt« tatsächlich 50 cm. Der Abnehmer möchte testen, ob unsere Behauptung zutrifft, er geht zunächst vom Gegenteil aus.

Bezeichnen wir mit μ wieder den Erwartungswert des Merkmals »Länge« in der Grundgesamtheit, also die mittlere Länge in der gesamten Produktion, dann können wir die zu überprüfenden Hypothesen mit

$$H_0 : \mu = \mu_0 = 50 \qquad \text{gegen} \qquad H_1 : \mu \neq \mu_0 = 50$$

festlegen. Die Nullhypothese weist nur *einen* konkreten Wert auf (μ_0), sie wird deshalb als **Punkthypothese** bezeichnet. Die Alternativhypothese dagegen ist zusammengesetzt aus zwei Bereichen (kleiner bzw. größer μ_0). Man spricht von einem **zweiseitigen Test**, weil der Bereich der Alternativhypothese auf zwei Seiten verteilt ist.

Es soll zweiseitig »auf dem Signifikanzniveau von α = 0,05« getestet werden. Die Wahrscheinlichkeit, eine in Wahrheit richtige Nullhypothese abzulehnen, soll also maximal 5 % betragen. Das stellt gewissermaßen unser *Risiko* als Produzent der Bauteile dar, denn in diesem Fall wird sich der Abnehmer gegen die Abnahme entscheiden, obwohl eigentlich alles der Norm entspricht.

Es liegt nahe, zur Überprüfung der Behauptung, »der Durchschnittswert in der Grundgesamtheit betrage 50 (cm)«, den entsprechenden Durchschnittswert in der Stichprobe heranzuziehen. Insofern unterscheiden wir uns hier nicht von der Intervallschätzung für einen Parameter. Dort wurde auch der korrespondierende Stichprobenkennwert als Schätzer für den Grundgesamtheitsparameter verwendet.

Eine Stichprobe im Umfang von $n = 100$ lieferte eine Durchschnittslänge von $\bar{x}$ = 49,2 cm und eine Stichprobenstandardabweichung von $s^* = 0{,}79$ cm.

Der Grundgedanke des Tests ist denkbar einfach: Aus den Stichprobendaten wird der Mittelwert als Testwert bestimmt. Für den Fall, dass man mit ihm nahe am behaupteten Grundgesamtheitsmittelwert liegt, würde man sich wohl dafür entscheiden, H_0 nicht abzulehnen. Ist allerdings eine größere Abweichung zwischen dem Testwert und dem behaupteten Wert μ_0 auszumachen, spräche alles dafür, die Nullhypothese zu verwerfen. Die Frage ist nur: Wo zieht man die Grenze?

Die **Testvariable** — meist auch als **Teststatistik** oder **Prüfvariable** bezeichnet — ist hier also $\bar{X}$. Der konkrete Wert, den man hierfür aus der Stichprobe erhält, ist zufällig (wir wissen das schon wegen der Überlegungen zum Konfidenzintervall). Eine »schlechte« Realisation von $\bar{X}$ könnte ja auch auf eine ungünstige Auswahl der Stichprobenelemente zurückzuführen sein und muss nicht gleich darin begründet sein, dass H_0 nicht zutrifft.

Eine Abweichung zwischen dem festgestellten, d. h. gemessenen Wert $\bar{x}$ und μ_0 wird es sicher geben, aber erst, wenn die Abweichung einen bestimmten kritischen Wert überschreitet, kann sie als *signifikant von Null verschieden* angesehen werden. Erst dann würde man die Nullhypothese nicht annehmen.

Vielleicht interessiert es Sie was »signifikant« eigentlich bedeutet und warum man diesen Ausdruck bei Hypothesentests verwendet. Signifikanz kommt vom lateinischen Wort »signum«, was zu Deutsch »Zeichen« bedeutet. »Welche Zeichen denn?«, werden Sie fragen. Nun, es sind die Zeichen bzw. Ergebnisse, die uns eine Stichprobe liefert, um eine Testentscheidung zu treffen. Erst, wenn es ausreichend »Zeichen« gibt, die gegen die Nullhypothese sprechen, können wir sie ablehnen und das Stichprobenergebnis würde als signifikant bezeichnet werden (im Indizienprozess wären diese Zeichen eben die Indizien.)

Sehen wir uns nun die Verteilung der Testgröße $\bar{X}$ an. Wir haben schon erfahren, dass — unabhängig von der Verteilung des Merkmals X in der Grundgesamtheit — für $\bar{X}$ bei großem Stichprobenumfang annähernd eine Normalverteilung folgt mit Erwartungswert μ und Varianz σ^2/n.

Es sind dieselben Überlegungen, die auch schon bei der Bereichsschätzung angestellt wurden. Wir können die Verteilung des Stichprobenmittelwertes als hier zu verwendende Testvariable wie in Abbildung 8.2 darstellen.

Man bezeichnet die Verteilung der Testvariable hier als sog. **Nullverteilung**, weil sie für den Fall gilt, dass die Nullhypothese richtig ist (wovon wir zu Beginn des Tests ja immer ausgehen). Wir erkennen das auch, wenn wir uns den Erwartungswert der Verteilung ansehen. Er ist hier μ_0, denn, wenn H_0 richtig ist, gilt ja $\mu = \mu_0$.

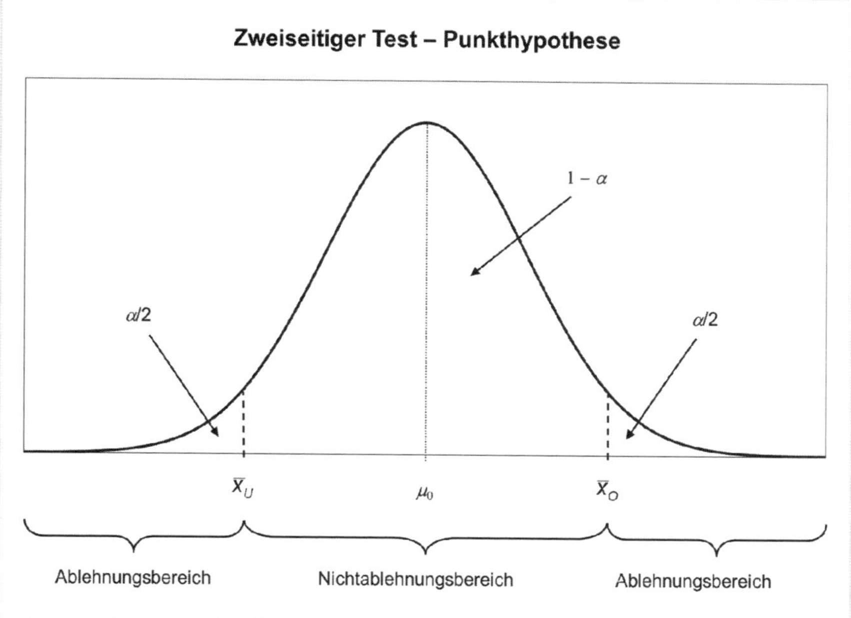

Abb. 8.2: Ablehnungs- und Nichtablehnungsbereich beim zweiseitigen Test

Die beiden eingezeichneten Quantile $\overline{x}_U$ und $\overline{x}_O$ begrenzen wieder eine Fläche der Größe $1 - \alpha$. Außerhalb dieses Bereichs verbleibt die Wahrscheinlichkeit α, die sich wieder je zur Hälfte links und rechts aufteilt.

Was passiert nun beim Testen?

Wir wollen die Nullhypothese ablehnen, wenn wir aus der Stichprobe einen $\bar{x}$ -Wert erhalten, der weit vom behaupteten Wert μ_0 – also dem Erwartungswert von $\bar{X}$ – entfernt ist. Die Wahrscheinlichkeit dafür, dass wir die Nullhypothese ablehnen, legen wir mit α fest. Damit stehen die »kritischen Grenzen« $\bar{x}_U$ und $\bar{x}_O$ fest und wir müssen nur noch überprüfen, ob wir uns außerhalb oder innerhalb dieser Grenzen befinden. Im ersten Fall würden wir H_0 ablehnen, im zweiten Fall nicht.

Der Bereich, der zur Ablehnung der Nullhypothese führt, heißt **Ablehnungs**- oder **Verwerfbereich**, der andere Bereich **Nichtablehnungs**- oder **Annahmebereich**.

Die Grenzen zwischen dem Ablehnungs- und dem Nichtablehnungsbereich erhalten wir analog zu den Überlegungen beim Konfidenzintervall über die folgenden Formeln:

$$\bar{x}_U = \mu_0 - z\left(1 - \frac{\alpha}{2}\right) \cdot \sqrt{\frac{\sigma^2}{n}}$$

$$\bar{x}_O = \mu_0 + z\left(1 - \frac{\alpha}{2}\right) \cdot \sqrt{\frac{\sigma^2}{n}}$$

Wir kennen in unserem Beispiel die Grundgesamtheitsvarianz σ^2 wieder nicht, deshalb ersetzen wir sie in der Formel mit ihrem Punktschätzwert s^{*2}. Wenn wir nun alle bekannten Größen einsetzen, erhalten wir für die Grenzen die Werte:

$$\bar{x}_U = 50 - z(0{,}975) \cdot \sqrt{\frac{0{,}79^2}{100}} = 50 - 1{,}96 \cdot 0{,}079 = 49{,}85$$

$$\bar{x}_O = 50 + z(0{,}975) \cdot \sqrt{\frac{0{,}79^2}{100}} = 50 + 1{,}96 \cdot 0{,}079 = 50{,}15$$

Der gemessene Mittelwert in der Stichprobe betrug 49,2 cm. Dieser Wert ist kleiner als die ermittelte Untergrenze von 49,85 cm und liegt somit im Ablehnungsbereich. Wir können die Nullhypothese ablehnen.

Unsere Behauptung, die Durchschnittslänge betrage 50 cm kann auf der Basis dieses Stichprobenergebnisses nicht aufrechterhalten werden. Als Produzenten hätten wir nun sicher Probleme, weil der Abnehmer davon ausgehen wird, dass das Normgewicht nicht eingehalten wird und er die Abnahme verweigert.

Meist wird man bei einem solchen Erwartungswerttest — wie im obigen Beispiel — die Stichprobenvarianz anstelle der Grundgesamtheitsvarianz verwenden, ganz einfach deswegen, weil auch sie nicht bekannt ist. Das hat zur Folge, dass der standardisierte Stichprobenmittelwert als Prüfvariable — selbst wenn das zu Grunde liegenden Merkmal X schon normalverteilt ist — keine Standardnormalverteilung mehr besitzt, sondern eine sog. **t-Verteilung** aufweist. Die t-Verteilung ist der Standardnormalverteilung aber sehr ähnlich, und auch für sie existieren Tabellen, die zu den Quantilen die zugehörigen Wahrscheinlichkeiten angeben.

Bei größeren Stichproben nähert sich die t-Verteilung zwar wieder der Standardnormalverteilung an, sodass wir bereits ab einem Stichprobenumfang von ungefähr 30 keine Unterschiede mehr erkennen können, dennoch ist dieser Umstand dafür verantwortlich, dass wir bei derartigen Parametertests allgemein von **t-Tests** sprechen.

Statistikprogramme (aber auch die Analysefunktion von Excel) kennen üblicherweise nur diese Bezeichnung. Exakterweise müsste man dann bei den Berechnungen der kritischen Grenzen die t-Quantile anstelle der z-Quantile verwenden, was aber — wie erwähnt — bei großen Stichproben unerheblich ist.

In unserem Beispiel sind wir genau so verfahren. Wir kannten die Stichprobenvarianz nicht und hätten eigentlich die Quantile der t-Verteilung verwenden müssen. Da aber der Stichprobenumfang mit 100 vergleichsweise groß war, haben wir gleich wieder die z-Quantile der Standardnormalverteilung verwendet.

Einseitige Tests

Die Grundstruktur und die allgemeine Vorgehensweise bei einem Mittelwerttest haben wir bislang anhand einer Punkthypothese kennengelernt. In der Nullhypothese wurde behauptet, der Parameter nehme genau einen bestimmten Wert an. Die Alternativhypothese dagegen bestand aus zwei Bereichen. Nach derselben Logik kann man nun auch sog. **Bereichshypothesen** testen, wobei wir dann **einseitige Tests** vorliegen haben.

Es lassen sich **Mindest**- und **Höchsthypothesen** unterscheiden, wobei die Null- und die Alternativhypothesen dann jeweils wie folgt aussehen:

Mindesthypothese: $H_0 : \mu \geq \mu_0$ gegen $H_1 : \mu < \mu_0$

Höchsthypothese: $H_0 : \mu \leq \mu_0$ gegen $H_1 : \mu > \mu_0$

Da hier nur *einseitig* getestet wird, wird es auch nur einen *einseitigen* Ablehnungsbereich geben. Im Falle einer Mindesthypothese wird man H_0 ablehnen, wenn die Prüfgröße zu klein ist (also unterhalb einer bestimmten Untergrenze liegt), während bei einer Höchsthypothese ein zu großer (oberhalb einer bestimmten Obergrenze gelegener) Testwert zur Ablehnung von H_0 führt.

Das Signifikanzniveau α wird in einem solchen Fall natürlich nicht mehr aufgeteilt. Abbildung 8.3 zeigt die Situation für eine Mindesthypothese der Form:

$$H_0 : \mu \geq \mu_0 \quad \text{gegen} \quad H_1 : \mu < \mu_0$$

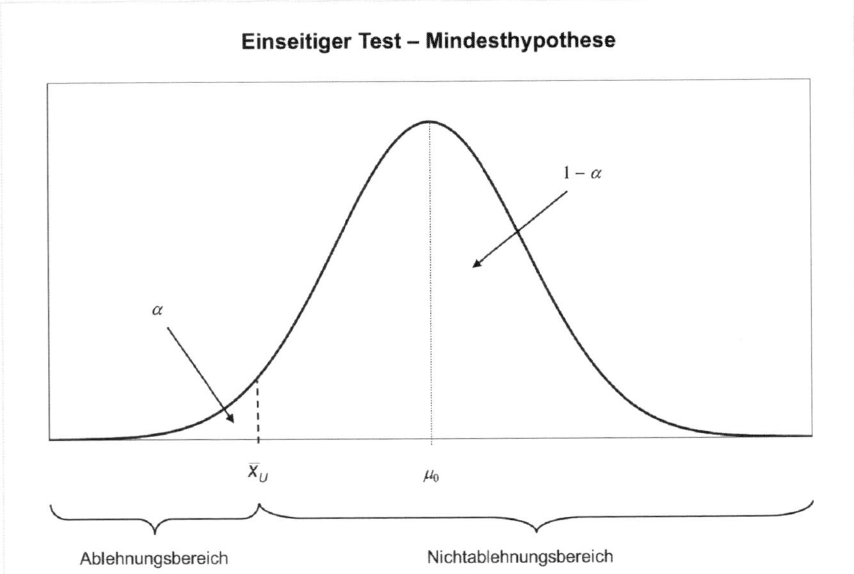

Abb. 8.3: Ablehnungs- und Nichtablehnungsbereich beim einseitigen Test (Mindesthypothese)

Für die Grenze zwischen dem Ablehnungs- und dem Nichtablehnungsbereich erhalten wir die Formel

$$\bar{x}_U = \mu_0 - z(1-\alpha) \cdot \sqrt{\frac{\sigma^2}{n}}$$

Wir können nun wieder prüfen, in welchem Bereich unser Testwert zu liegen kommt, und entsprechend die Entscheidung für oder gegen H_0 treffen.

8.2.3 Tests für den Anteilswert

Wenn wir eine Behauptung bzgl. eines Anteilswertes θ überprüfen wollen, läuft das entsprechende Testverfahren grundsätzlich analog zum eben beschriebenen ab. Natürlich werden wir als Prüfgröße diesmal aber den Stichprobenanteil bzw. die Anzahl der interessierenden Sorte in der Stichprobe verwenden.

Die Formulierung der Null- und der Alternativhypothese kann wieder auf dreierlei Arten erfolgen: als Punkthypothese oder als Bereichshypothese, und hier als Mindest- oder als Höchsthypothese.

Punkthypothese:	$H_0 : \theta = \theta_0$	gegen	$H_1 : \theta \neq \theta_0$
Mindesthypothese:	$H_0 : \theta \geq \theta_0$	gegen	$H_1 : \theta < \theta_0$
Höchsthypothese:	$H_0 : \theta \leq \theta_0$	gegen	$H_1 : \theta > \theta_0$

Betrachten wir anhand einer Mindesthypothese ein Beispiel für einen Anteilswerttest.

Beim Hersteller hochsensibler Schaltkreise für Airbags darf der Anteil mangelhafter Schaltkreise nur maximal 1 % der Produktionsmenge betragen. Der Hersteller behauptet, dass er diese Bedingung erfüllt und stellt sich einem Test, den der Abnehmer der Schaltkreise zur Überprüfung der Behauptung verlangt.

Das Risiko defekte Teile zu erhalten, obwohl der Test auf einwandfreie Ware plädiert, möchte der Abnehmer auf maximal 2 % begrenzen. Diese Fehlerwahrscheinlichkeit wird also vorgegeben; es ist der Fehler 1. Art, das Signifikanzniveau α.

Der α-Fehler ist aber der Fehler, den man macht, wenn eine richtige Nullhypothese fälschlicherweise abgelehnt wird. Die Nullhypothese ist somit als Mindesthypothese zu formulieren mit

$$H_0 : \theta \geq \theta_0 = 0{,}01$$

Die Nullhypothese behauptet, der Anteil fehlerhafter Teile betrage mindestens 1 %. Wird sie fälschlicherweise abgelehnt, bedeutet das, dass man von einem geringeren Ausschussanteil ausgeht, obwohl in Wahrheit ein höherer Ausschussanteil vorliegt. Das ist das zu begrenzende Risiko des Abnehmers.

Als Prüfgröße kann nun entweder der Anteil oder die Anzahl der fehlerhaften Teile in der Stichprobe verwendet werden. Da wir hier auf das verwendete Ziehungsmodell achten müssen, ist die Prüfvariable entweder binomial- oder hypergeometrisch verteilt.

Ist der Umfang der Stichprobe n groß genug und im Falle des M. o. Z. auch der Auswahlsatz n/N klein genug, gelten wieder Vereinfachungen bzw. Approximationen hinsichtlich der Verteilung der Testgröße.

Im Klartext: Wir haben es wieder mit einer annähernd normalverteilten Prüfvariablen zu tun. Die Grenze zwischen Ablehnungs- und Nichtablehnungsbereich ergibt sich bei unserer Mindesthypothese wieder im unteren Bereich der Verteilung mit

$$p_U = \theta_0 - z(1-\alpha) \cdot \sqrt{\frac{\theta_0 (1-\theta_0)}{n}}$$

für den Fall, dass wir anhand des Anteilswertes testen, bzw. mit

$$x_U = n \cdot \theta_0 - z(1-\alpha) \cdot \sqrt{n \cdot \theta_0 (1-\theta_0)}$$

für den Fall, dass wir anhand der Anzahl defekter Teile in der Stichprobe $x = np$ testen.

Es werden nun in einer Stichprobe vom Umfang n = 1.000 Stück genau acht defekte Schaltkreise gezählt. Damit resultiert ein Anteilswert von p = 8/1.000 = 0,008.

Für die Grenze p_U bzw. x_U erhalten wir:

$$p_U = 0{,}008 - \underbrace{z(0{,}98)}_{2{,}06} \cdot \sqrt{\frac{0{,}008 \cdot 0{,}992}{1000}} = 0{,}002197$$

$$x_U = 1000 \cdot 0{,}008 - \underbrace{z(0{,}98)}_{2{,}06} \cdot \sqrt{1000 \cdot 0{,}008 \cdot 0{,}992} = 2{,}197$$

Mit p = 0,008 liegen wir deutlich über der Grenze zur Ablehnung (analog dazu ist $x = 8 > 2{,}197$).

Das hat zur Folge, dass wir die Nullhypothese nicht ablehnen können. Damit ist der Test zu Ungunsten des Herstellers ausgefallen, obwohl er mit p = 0,008 doch eigentlich unter dem behaupteten Wert für den Ausschussanteil von θ = 0,01 liegt.

Dieses — auf den ersten Blick paradox erscheinende — Ergebnis wird verständlich, wenn man sich bewusst macht, dass wir es hier mit einem sehr »strengen« Test zu tun haben. Die zulässige Irrtumswahrscheinlichkeit wurde wohl auf Drängen des Abnehmers bewusst gering festgelegt, um dessen Risiko möglichst klein zu halten. Für den Hersteller bedeutet das, dass in einer Stichprobe vom Umfang n = 500 maximal zwei fehlerhafte Teile gezählt werden dürften, damit die Nullhypothese abgelehnt werden kann und der Hersteller letztlich seine Behauptung, der Anteil mangelhafter Teile liege bei maximal 1 %, bestätigt fände.

Praxistipp zum Präsentieren:

Wenn Sie die Ergebnisse eines statistischen Signifikanztests präsentieren, dann denken Sie bei Ihrer Darstellung daran, dass Sie die zu Grunde gelegte Hypothese nicht definitiv bewiesen oder widerlegt haben.

Sie sollten deshalb immer vorsichtig argumentieren und sowohl auf das zu Grunde gelegte Signifikanzniveau (also die Irrtumswahrscheinlichkeit, die Sie sich vorgegeben haben) als auch auf den Stichprobenumfang hinweisen.

8.2.4 Der p-Wert in der Testpraxis

Ich möchte noch auf eine alternative Entscheidungsmöglichkeit beim statistischen Testen eingehen, die in der Praxis weit verbreitet ist, weil sie bei fast allen gängigen Statistik- und Analyseprogrammen wie SPSS, SAS, R oder auch Excel verwendet wird.

Es handelt sich um das Kriterium des sog. Probability-Wertes, kurz auch ***p*-Wert** oder ***p*-value** genannt. Gemeint ist das *tatsächliche* Signifikanzniveau eines Tests (oftmals auch als Überschreitungswahrscheinlichkeit bezeichnet).

Die Reihenfolge, nach der wir beim Testen vorgegangen sind, sah vor, zu Beginn eine maximale zulässige Irrtumswahrscheinlichkeit (Signifikanzniveau) α vorzugeben, auf deren Basis dann die Grenzen zwischen einer Ablehnung- und einer Nichtablehnung bestimmt und letztlich die Entscheidung je nach Realisation der Testgröße vorgenommen werden sollte. Das ist auch der methodisch richtige Weg.

Die meisten Testoutputs entsprechender Software weisen aber als Ergebnis eines Tests neben dem Wert der Testgröße nur einen *p*-Wert auf.

Der p-Wert ist dabei jenes Signifikanzniveau, bei dem der realisierte Wert der Testgröße gerade die Grenze zwischen Ablehnungs- und Nichtablehnungsbereich darstellen würde.

Machen wir uns an einer Grafik deutlich, was damit gemeint ist. In Abbildung 8.4 (Seite 197) sehen wir für einen zweiseitigen Erwartungswerttest neben dem vorgegebenen (und aufgeteilten) Signifikanzniveau α auch die »übliche« Zweiteilung des Ablehnungsbereiches. Nun soll aus einer Stichprobe z. B. ein Wert für die Prüfvariable $\overline{X}$ resultieren, der im Nichtablehnungsbereich liegt.

Der *p*-Wert, der mit angegeben ist, ist dann jenes Signifikanzniveau, das resultieren würde, falls der realisierte $\overline{x}$-Wert die Grenze zwischen dem Ablehnungs- und dem Nichtablehnungsbereich bestimmen würde.

Er wird immer auf Basis eines zweiseitigen Tests angegeben und setzt sich somit aus der Fläche unter der Dichtefunktion rechts vom konkreten $\overline{x}$-Wert und links von seinem »gespiegelten« Wert zusammen.

Da $\overline{x}$ im mit dem *vorgegebenen* α bestimmten Nichtablehnungsbereich liegt (also näher am behaupteten Mittelwert dran ist), ergibt sich für das *tatsächliche* Signifikanzniveau (*p*-Wert) ein größerer Wert als für das *vorgegebene* Signifikanzniveau α.

Fällt der *p*-Wert hingegen kleiner aus als das Signifikanzniveau α, das wir uns vorgegeben haben, bedeutet das im Umkehrschluss, dass sich die Realisierung der Testgröße $\overline{x}$ innerhalb des mit α festgelegten Ablehnungsbereichs befindet.

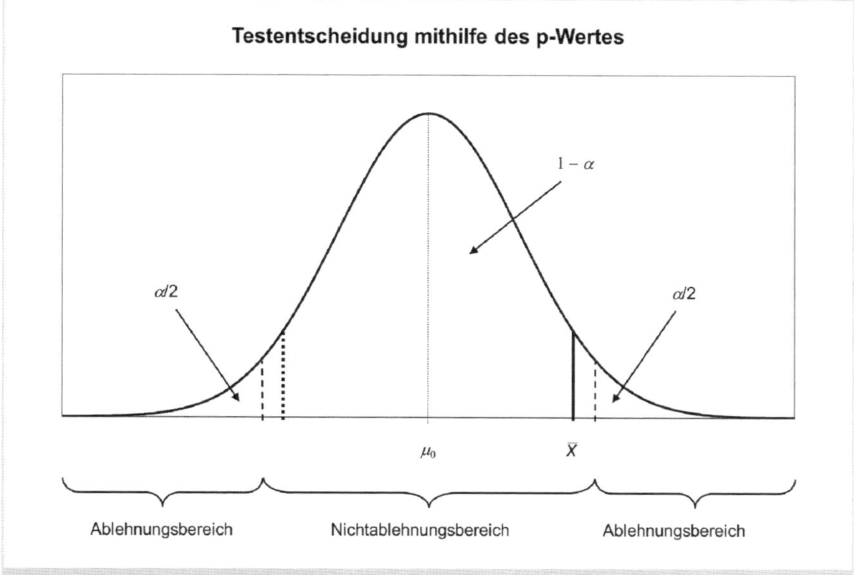

Abb. 8.4: Testentscheidung mithilfe des p-Wertes

Grundsätzlich gilt: Je kleiner der *p*-Wert ist, desto mehr spricht das für eine Ablehnung der Nullhypothese. Geben wir uns ein Signifikanzniveau α vor, lässt sich nach der folgenden Entscheidungsregel verfahren:

p-Wert $< \alpha \Rightarrow$ H_0 wird abgelehnt

p-Wert $> \alpha \Rightarrow$ H_0 wird nicht abgelehnt

Nun kennen wir zwar die Entscheidungsregeln, aber wie ist ein konkreter *p*-Wert genau zu interpretieren?

Sehen wir uns einige Beispielwerte an und unterstellen wir ein maximal zulässiges Signifikanzniveau α von 5 %.

Würde sich bei einem Test ein *p*-Wert von 0,02 ergeben, wäre damit die folgende Aussage verbunden:

Die Wahrscheinlichkeit, die Nullhypothese fälschlicherweise abzulehnen, ist mit nur 2 % kleiner als die für diesen Fall maximal zugestandene Wahrscheinlichkeit von 5 %. Folglich kann man guten Gewissens die Nullhypothese ablehnen.

Wäre der *p*-Wert noch kleiner, könnten wir uns noch sicherer sein, mit der Ablehnung das (wahrscheinlich) Richtige zu tun. Falls wir aber einen *p*-Wert von sagen wir 0,12 erhalten, hieße das:

Mit der Ablehnung machen wir mit einer größeren Wahrscheinlichkeit als zulässig einen Fehler (0,12 > 0,05). Da das nicht gewollt ist, lehnen wir die Nullhypothese nicht ab.

Da der *p*-Wert immer zweiseitig ausgewiesen wird, müssen wir aufpassen, wenn wir mit ihm eine einseitige Hypothese prüfen möchten. Um zur Testentscheidung einen Vergleich mit dem vorgegebenen Signifikanzniveau anstellen zu können, müssen wir den ausgewiesenen *p*-Wert *halbieren.*

Achtung:

Bei einseitigen Tests sind die ausgewiesenen p-Werte zu halbieren. Erst dann kann der Vergleich mit dem maximalen Signifikanzniveau erfolgen.

!

8.2.5 Tests für den Vergleich von zwei Parametern

Die bisherigen Ausführungen zu den Parametertests betrafen stets nur *ein* Merkmal, das aus *einer* Grundgesamtheit stammte und für das eine Hypothese anhand *einer* Stichprobe überprüft wurde.

Nun hat man aber oft die Situation, dass man Mittelwerte oder Anteilswerte *zweier* Grundgesamtheiten vergleichen möchte. Zum Beispiel könnte man sich dafür interessieren, ob sich das durchschnittliche Alter des weiblichen Kundenstammes signifikant vom durchschnittlichen Alter der männlichen Kunden unterscheidet oder ob der Wähleranteil einer Partei in einer Region signifikant höher ist als in einer anderen Region.

Die Hypothesen könnten also bei einem Mittelwertvergleich lauten:

$$H_0: \mu_A = \mu_B \qquad \text{gegen} \qquad H_1: \mu_A \neq \mu_B$$

Analog dazu ließe sich das aber auch so formulieren:

$$H_0: \mu_A - \mu_B = \delta_0 = 0 \qquad \text{gegen} \qquad H_1: \mu_A - \mu_B \neq \delta_0 = 0$$

Die Behauptung, beide Erwartungswerte seien gleich, entspricht der Aussage, die Differenz der beiden Werte sei Null.

Der Vorteil an der zweiten Schreibweise ist, dass wir das Problem wieder auf die Prüfung nur *eines* Parameters zurückgeführt haben, nämlich auf die Differenz δ (gesprochen: »delta«) der beiden Erwartungswerte. Möglich wäre dann bspw. auch darauf zu testen, diese Differenz entspräche einem beliebigen Wert, also nicht notwendigerweise Null.

Die Vorgehensweise zur Überprüfung der Nullhypothese läuft nun wieder nach dem mittlerweile bekannten Schema ab. Zur Testentscheidung ziehen wir die korrespondierende Größe aus der Stichprobe heran. In unserem Fall ist das einfach die Differenz der Stichprobenmittelwerte:

$$\overline{X}_A - \overline{X}_B = d$$

Beim Vergleich zweier Anteilswerte aus zwei Grundgesamtheiten wird analog vorgegangen. Die Testgröße ist stets die Differenz der zu vergleichenden Parameter.

Von den Stichprobenmittelwerten und den Anteilswerten wissen wir, dass sie bei genügend hohem n annähernd normalverteilt sind. Da die Differenz der beiden Größen aber lediglich eine lineare Funktion darstellt, und eine Normalverteilung — wie wir schon wissen — invariat gegenüber linearen Transformationen ist, ist auch die Differenz normalverteilt.

Somit lassen sich wieder entsprechende Grenzen für den Ablehnungs- und für den Nichtablehnungsbereich bestimmen, falls man sich ein konkretes Signifikanzniveau vorgibt.

Auf eine detaillierte Darstellung wollen wir verzichten. Die entsprechenden Formeln sind bei Bedarf in der Formelsammlung zu finden. Klar aber sollte einem die Vorgehensweise bei der Testentscheidung sein. Weichen die Stichprobenmittelwerte bzw. Stichprobenanteilswerte stark voneinander ab, spricht das dafür, dass die Grundgesamtheitsparameter das auch tun. Falls die Differenz signifikant von Null verschieden ist (also über einer tolerierbaren Grenze liegt), ist die Gleichheitshypothese abzulehnen. Die Überlegungen zu den Bereichshypothesen gelten hier analog.

8.2.6 Test über die gesamte Verteilung eines Merkmals

Falls wir Behauptungen über die Parameter einer Grundgesamtheit überprüfen wollen, wenden wir — wie bisher gezeigt — Parametertests an. Es ist dabei immer nur ein Teilaspekt der Verteilung eines Merkmals von Interesse (nämlich ein konkreter Verteilungsparameter).

Nun lassen sich aber auch *ganze Verteilungen* mithilfe statistischer Tests hinsichtlich einer bestimmten Hypothese testen. Man spricht von sog. **Verteilungstests.**

Der wohl bekannteste Test dieser Art ist der **Chi-Quadrat-Anpassungstest**. Er überprüft eine empirische Verteilung auf das Vorliegen eines bestimmten Verteilungstyps.

Oft steht man vor der Frage, ob denn eine beobachtete Häufigkeitsverteilung zumindest annähernd einer speziellen theoretischen Verteilung nahekommt, wobei man dabei meistens die Normalverteilung im Auge hat.

Wir wissen ja bereits von den Vorteilen und den Vereinfachungen, die mit der Normalverteilung verbunden sind. Sei es ihre Rolle als Approximationsverteilung, ihre einfache Berechenbarkeit oder die Tatsache, dass manche weiterführenden Verfahren das Vorliegen normalverteilter Merkmale voraussetzen. Normalverteilte Merkmale machen einem in der Statistik das Leben viel leichter.

Häufigkeitsverteilungen von beobachteten Daten lassen sich zwar in einem einfachen grafischen Vergleich auf das Vorliegen einer Normalverteilung hin untersuchen, eine statistisch fundierte Aussage darüber, ob die Verteilung in der Grundgesamtheit, aus der die Beobachtungen stammen, aber tatsächlich dieser schönen Glockenform ähnelt, lässt sich nur mit einem Test – z. B. mit dem Chi-Quadrat-Anpassungstest – überprüfen.

Ein Rechenbeispiel soll die Vorgehensweise bei diesem Test demonstrieren.

Erinnern wir uns an die Situation in Kapitel 7.3 (Seite 146), wo uns die Häufigkeitsverteilung der Bruttomonatsgehälter vorlag und wir uns bereits mithilfe eines Histogramms ein Bild von der Verteilung machen konnten. Damals waren wir nicht sehr davon überzeugt, dass das Merkmal »Gehalt« normalverteilt sein könne. Nun wollen wir das Ganze mit einem Test überprüfen.

Aus den Einzeldaten der Gehälter ermitteln wir zunächst den Mittelwert (hier: 2.149) und die Standardabweichung (hier: 774). Nun erstellen wir eine klassierte Häufigkeitstabelle mit den absoluten, den relativen und den kumulierten relativen Häufigkeiten (Tabelle 8.3, Seite 202).

Gehaltsklasse	Beob. abs. Häufigkeit	Beob. rel. Häufigkeit	Beob. kum. rel. Häufigkeit
bis 500	0	0,00	0,00
über 500 bis 1.000	3	0;06	0,06
über 1.000 bis 1.500	8	0,16	0,22
über 1.500 bis 2.000	10	0,2	0,42
über 2.000 bis 2.500	14	0,28	0,7
über 2.500 bis 3.000	6	0,12	0,82
über 3.000 bis 3.500	8	0,16	0,98
über 3.500 bis 4.000	1	0,02	1
über 4.000	0	0,00	1

Tab. 8.3: Werte der empirischen Verteilung des Merkmals »Gehalt«

Die Frage ist nun, welche *theoretischen* Werte wir beim Vorliegen einer Normalverteilung in den Klassen zu erwarten hätten. Dazu berechnen wir zunächst die Werte der Verteilungsfunktion (also die Höchstwahrscheinlichkeiten) an den jeweiligen Klassenobergrenzen.

Für die Parameter der Normalverteilung μ und σ^2, die wir in der Grundgesamtheit ja nicht kennen, verwenden wir quasi als Punktschätzer die Werte für den Mittelwert (hier: 2.149) und die Varianz (hier: 774^2) der empirischen Verteilung (= Stichprobe).

Die Wahrscheinlichkeiten lassen sich nun einfach berechnen. Schauen wir uns exemplarisch für die Obergrenze der ersten Klasse (500) die Berechnung der zugehörigen Höchstwahrscheinlichkeit an. Wir erhalten für diesen Bereich das Ergebnis

$$W(X \le 500) = W\left(Z \le \frac{500 - 2.149}{774}\right) = W(Z \le -2,13)$$
$$= 1 - W(Z \le 2,13) = 1 - 0,9834 = 0,0166$$

Analog dazu berechnen wir nun zu jeder Klassenobergrenze auf dieselbe Weise den Wert der Verteilungsfunktion der Normalverteilung (wobei wir in der letzten Klasse »über 4.000« einfach den Wert 1 einsetzen können) und ermitteln dann durch Subtraktion der benachbarten Werte die Klassenwahrscheinlichkeiten. Diese stellen wir den beobachteten Häufigkeiten gegenüber. So erhalten wir eine Tabelle mit den folgenden Werten:

Gehaltsklasse	Beob. rel. Häufigkeit	Theoret. Wahrscheinlichkeit
bis 500	0,00	0,0166
über 500 bis 1.000	0,06	0,0523
über 1.000 bis 1.500	0,16	0,1321
über 1.500 bis 2.000	0,20	0,2227
über 2.000 bis 2.500	0,28	0,2511
über 2.500 bis 3.000	0,12	0,1893
über 3.000 bis 3.500	0,16	0,0954
über 3.500 bis 4.000	0,02	0,0321
über 4.000	0,00	0,0084

Tab. 8.4: Beobachtete relative Häufigkeiten und theoretische Wahrscheinlichkeiten beim Merkmal »Gehalt«

Wir erkennen, dass die beobachteten und die theoretischen Werte in den Klassen mal mehr und mal weniger stark voneinander abweichen. Das Ausmaß dieser Abweichungen ist ausschlaggebend für die Ablehnung bzw. Nichtablehnung der Nullhypothese »die Verteilung des Bruttomonatsgehalts entspricht einer Normalverteilung«.

Die zu verwendende Prüfgröße wird meist mit χ^2 (gesprochen: »chi-quadrat«) bezeichnet, daher kommt auch der Name des Tests. Der Grund für diese Bezeichnung ist der, dass die Prüfvariable einer Chi-Quadrat-Verteilung folgt. Wie wir wissen, ist die Chi-Quadrat-Verteilung eine weitere theoretische stetige Verteilung.

Zur Bildung des Wertes der Prüfgröße wird die Differenz aus der beobachteten relativen Häufigkeit und der theoretischen Wahrscheinlichkeit je Klasse quadriert, durch den Wert der theoretischen Wahrscheinlichkeit geteilt und über alle Klassen hinweg aufsummiert. Zum Schluss wird dieser Wert noch mit der Anzahl der Beobachtungen (dem Stichprobeumfang) multipliziert und schon haben wir eine geeignete Testgröße.

Ist diese Testgröße zu groß, dann doch nur, weil (einige) Differenzen, die in ihre Berechnung eingehen, groß sind. Das deutet dann auf größere Abweichungen zwischen der vorliegenden und der behaupteten Verteilung hin und die Nullhypothese wird abgelehnt.

In unserem Beispiel erhalten wir für χ^2:

$$\chi^2 = 50 \cdot \left(\frac{(0{,}00 - 0{,}0166)^2}{0{,}0166} + \ldots + \frac{(0{,}00 - 0{,}0084)^2}{0{,}0084} \right) = 141{,}23$$

Dieser Wert scheint ziemlich groß zu sein, aber ist er auch groß genug für eine Ablehnung der Nullhypothese?

Dazu benötigen wieder einen Grenzwert zum Vergleich. Es ist ein Quantilswert der Chi-Quadrat-Verteilung, der letztlich sowohl vom Signifikanzniveau α, der Anzahl der gebildeten Klassen und der Anzahl der aus der Stichprobe geschätzten Parameter, die für die theoretische Verteilung verwendet wurden, abhängt.

Unter Berücksichtigung all dieser Größen lässt sich der entsprechende χ^2-Wert wieder einer Tabelle entnehmen. In unserem Fall erhalten wir ihn mit 12,59, wenn wir ein Signifikanzniveau von 5 % vorgeben. Wir liegen mit 141,23 deutlich darüber und lehnen deshalb die Nullhypothese, »es liege eine Normalverteilung vor«, ab.

8.2.7 Ausblick auf weitere Verfahren der schließenden Statistik

Der Chi-Quadrat-Anpassungstest ist nur ein möglicher Test zur Überprüfung des Verteilungstyps. Es existiert hierfür eine Reihe alternativer Testmöglichkeiten, die man unter dem Stichwort »**Anpassungstest**« oder »**Goodness-of-Fit-Test**« in jedem Statistik-Lehrbuch finden kann.

Darüber hinaus lässt sich mit einem ähnlich konstruierten Chi-Quadrat-Test auch auf **Unabhängigkeit** zweier Variablen testen. Dazu müssen wir beim Vorliegen einer zweidimensionalen Häufigkeitstabelle einfach die beobachteten und die bei Unabhängigkeit erwarteten Häufigkeiten in einer Kenngröße zusammenfassen. In Kapitel 5.5 (Seite 90) haben wir anhand einer Kreuztabelle genau den hierfür erforderlichen Chi-Quadrat-Wert bereits berechnet. Damals haben wir es aber dabei belassen. Für einen statistisch abgesicherten Test bezüglich der Unabhängigkeit muss nun nur noch der ermittelte χ^2-Wert mit einem Grenzwert aus Chi-Quadrat-Verteilung verglichen werden, wobei die Anzahl der relevanten Freiheitsgrade sich hier aus der Größe der Kreuztabelle ergibt (siehe dazu die Ausführungen in der Formelsammlung).

Schließt man die **Parametertests** mit ein, lässt sich das Spektrum der Testverfahren noch viel weiter ausdehnen. Es gibt Tests zur Überprüfung des Medians oder bestimmter Quantile, Tests für die Varianz oder den Vergleich zweier Varianzen, Tests für die Gleichheit ganzer Verteilungen, den Vergleich von mehr als zwei Erwartungswerten, Tests, die mit oder ohne einer Verteilungsannahme auskommen, usw.

Auch aufbauend auf der Korrelations- oder der Regressionsrechnung können wir im Bereich der schließenden Statistik Parameter schätzen und testen. Den Korrelationskoeffizienten für die beiden metrischen Merkmale aus Kapitel 5.5 (Seite 90) können wir hierbei als Stichprobenkorrelationskoeffizienten auffassen. Der kann dann zum einen als Schätzer für den Koeffizienten des Zusammenhangs zweier Grundgesamtheiten eingesetzt werden. Außerdem lässt sich mit ihm eine bestimmte Stärke der Korrelation testen.

Die Parameter der Regression (das Absolutglied und die Steigungskoeffizienten) lassen sich ebenfalls auf eine Grundgesamtheit übertragen, die hinter den in die Regressionsrechnung einfließenden Daten steht. Auch die Richtung und die Stärke von Regressionen (linear oder nichtlinear) lassen sich hier wieder mit statistischen Tests überprüfen.

Wie gesagt, die große Vielfalt an Anwendungen gerade der schließenden Statistik füllt ganze Fachbibliotheken. Alle bauen aber auf derselben Grundkonzeption auf, die ich Ihnen anhand einiger exemplarischer Methoden — wie ich hoffe — einigermaßen verständlich näherbringen konnte.

! **Zusammenfassung:**

In diesem Kapitel wurden grundlegende Methoden der schließenden Statistik erklärt. Auf den Punkt gebracht, besteht der zentrale Gedanke der schließenden Statistik darin, Erkenntnisse, die aus der Analyse von Daten aus einer Stichprobe gewonnen wurden, auf eine größere Gesamtheit (aus der die Stichprobe stammt) zu übertragen. Die Methoden der beschreibenden Statistik (insbesondere die Kennzahlen) sowie die Wahrscheinlichkeitsrechnung sind hier Grundvoraussetzungen.

Da Eigenschaften der Grundgesamtheit eines Merkmals (einzelne Verteilungsparameter wie der Mittelwert oder die gesamte Form der Verteilung) meist unbekannt sind, nutzt man die Informationen, die man hierzu von nur einem Teil der Grundgesamtheit, nämlich der Stichprobe, kennt, um die unbekannten Größen zu schätzen. Sowohl die Punkt- als auch die Bereichsschätzung sind uns dabei begegnet und wir konnten diese in Standardsituationen anhand von Beispielen anwenden.

Neben dem Schätzen war auch das Testen Gegenstand dieses Kapitels. Dabei geht es um die Überprüfung von Behauptungen (Hypothesen), die man über ein Merkmal in der Grundgesamtheit aufstellt. Wir haben uns die Grundkonzeption eines statistischen Tests angesehen und anhand mehrerer Beispiele unterschiedliche Hypothesen getestet. Zudem wurde uns anhand des Konzepts des p-Wertes deutlich aufgezeigt, wie man üblicherweise in der Praxis eine Testentscheidung treffen kann.

9 Ausblick auf weiterführende statistische Methoden

Auch wenn mancher Leser einen anderen Eindruck bekommen haben sollte, wir haben uns auf den bisherigen Seiten lediglich mit den Grundlagen der Statistik beschäftigt. Dennoch: Die wesentlichen Aspekte der beschreibenden Statistik, die auch für den Praktiker von Bedeutung sind, konnten wir, dem Anspruch dieses Buches als »Crashkurs Statistik« hoffentlich gerecht werdend, abhandeln.

Auch die Rolle der Wahrscheinlichkeitsrechnung und die fundamentalen Prinzipien der schließenden Statistik haben wir uns anhand der gängigsten Verfahren angesehen.

Für den Einstieg in eine tiefer gehende Auseinandersetzung mit den statistischen Methoden (sofern sie notwendig ist oder gewünscht wird) konnten wir uns ein gewisses Rüstzeug aneignen.

Dass die Statistik aber noch mehr zu bieten hat, möchte ich dem interessierten Leser noch mit auf den Weg geben. Der eine oder andere wird vielleicht selbst einmal mit solchen Verfahren in Berührung kommen.

Es gibt eine ganze Reihe von Teildisziplinen, die für sich genommen wieder ein breites Feld an Verfahren und Methoden beinhalten.

Eine Disziplin beschäftigt sich zum Beispiel ausschließlich mit der optimalen Gestaltung von Stichproben. Die sog. **höheren Stichprobenverfahren** versuchen auf verschiedenste Weise, den Fehler, den man bei einer Stichprobenziehung nun mal nicht vermeiden kann, zu minimieren. Es werden mehrstufige, geschichtete und kostenoptimale Stichprobenpläne entwickelt, die eine Fehlerminimierung gewährleisten sollen. Für den Praktiker können die höheren Stichprobenverfahren relevant werden, wenn eine uneingeschränkte Zufallsstichprobe aus Zeit- oder Kostengründen nicht machbar ist, oder wenn einfach nur ein bestimmtes Budget eingehalten werden muss.

Des Weiteren finden im Rahmen der **Ökonometrie** insbesondere die Verfahren der Regression- und Zeitreihenanalyse tiefer gehende Anwendung. Hier steht die Analyse ökonomischer Phänomene und Zusammenhänge ökonomischer Größen mit Mitteln der schließenden Statistik im Vordergrund. Wer mit quantitativer Wirtschaftspolitik zu tun hat, dem werden ökonometrische Methoden ganz sicher begegnen.

Das umfassendste Teilgebiet der Statistik stellt aber wohl die **multivariate Statistik** dar. Sie befasst sich mit den Methoden und Verfahren der mehrdimensionalen Datenanalyse, bei der mehrere Merkmale (mehr als zwei) gemeinsam betrachtet und analysiert werden. Hierzu gehören Verfahren wie die Faktorenanalyse, die Diskriminanzanalyse und die Clusteranalyse – um nur einige zu nennen. Auch die Regressionsanalyse in ihren vielfältigen Erscheinungen bei Beteiligung mehrerer Variablen kann dazu gezählt werden.

Die Anwendungsgebiete weiterführender statistischer Verfahren sind vielschichtig. Ob im Rahmen der medizinische Forschung, der amtlichen Statistik, der Wirtschafts- oder der Marktforschung, des Data Mining oder des analytischen CRM in Unternehmen, fundierte Statistikkenntnisse gelten überall als Grundvoraussetzung.

Natürlich wird den meisten Lesern die tiefer gehende Beschäftigung mit all diesen Methoden erspart bleiben. Nur beruflich bedingte Statistikanwender werden sich damit wohl auseinandersetzen müssen. Dennoch: Auch mit den grundlegenden Methoden, die Sie nunmehr im Rahmen dieses Buches kennengelernt haben, haben Sie den »Crashkurs Statistik« erfolgreich hinter sich gebracht.

Kleiner Ratgeber – Statistik mit Excel

Das Tabellenkalkulationsprogramm Microsoft Excel bietet eine Reihe von statistischen Analysemöglichkeiten, von denen viele, die das Programm täglich benutzen, gar nichts wissen. Im Rahmen dieses kleinen Praxisratgebers sollen deshalb die wichtigsten Werkzeuge, die eine statistische Datenaufbereitung und Analyse mit Excel unterstützen, vorgestellt werden. Wenn Sie eine umfassende und detaillierte Darstellung aller Statistikfunktionen in Excel wünschen, sollten Sie auf die diversen Softwaredokumentationen oder die entsprechende Fachliteratur zurückgreifen.

Hinweis: !

Alle folgenden Ausführungen beziehen sich auf die Version Excel 2016 für Windows. Bei anderen bzw. früheren Versionen ist ggf. mit Abweichungen bei Darstellung und Funktionalität zu rechnen.

Excel bietet zwei unterschiedliche Methoden der statistischen Datenanalyse an:

- über Analyse-Funktionen und
- über Tabellen-Funktionen.

Die Analyse-Funktionen

Die Nutzung der Analyse-Funktionen ist sicherlich der bequemste Weg, statistische Datenanalysen mit Excel zu betreiben. Hierbei können viele statistische Verfahren mittels Assistenten schrittweise vollzogen werden.

Standardmäßig sind die Analyse-Funktionen in Excel nicht aktiviert; sie lassen sich aber nachträglich hinzufügen. Um zu prüfen, was bei Ihnen der Fall ist, gehen Sie auf DATEI und wählen dann OPTIONEN. In dem erscheinenden Fester wählen Sie in der Auswahlliste links ADD-INS. Nun sehen Sie rechts die Add-Ins, die bei Ihnen aktiv bzw. inaktiv sind. Sind die ANALYSE-FUNKTIONEN unter den aktiven Add-Ins gelistet, brauchen Sie nichts weiter unternehmen. Die Analyse-Funktionen sind dann bereits verfügbar und Sie können hier abbrechen. Andernfalls müssen Sie die Funktionen erst aktivieren.

Wählen Sie dazu am unteren Rand des Fensters bei VERWALTEN die Drop-down-Auswahl EXCEL-ADD-INS aus und drücken Sie auf LOS. Ein Pop-up-Fenster öffnet sich. Sie wählen nun in der Liste VERFÜGBARE ADD-INS die Option ANALYSE-FUNKTIONEN aus, indem Sie sie mit einem Häkchen versehen. Mit OK bestätigen Sie und können ab sofort die Analyse-Funktionen nutzen.

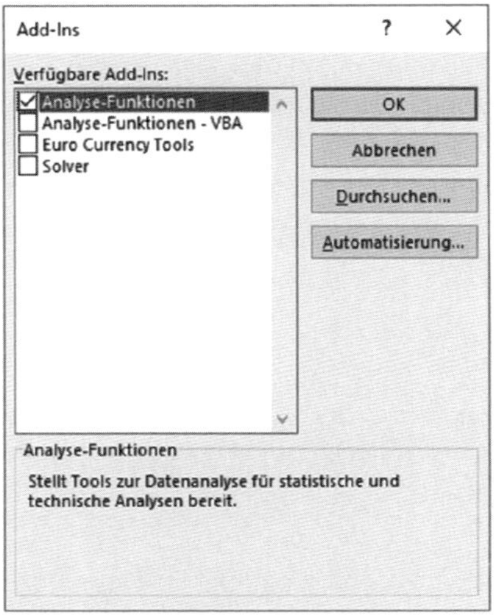

Das Dialogfenster »Add-Ins«

Die neuen Funktionen stehen nun unter dem Menüpunkt DATEN bereit. Dort ist – höchstwahrscheinlich ganz rechts – das Analyse-Tool DATENANALYSE zu finden. Öffnen Sie es und es erscheint das entsprechende Dialogfenster:

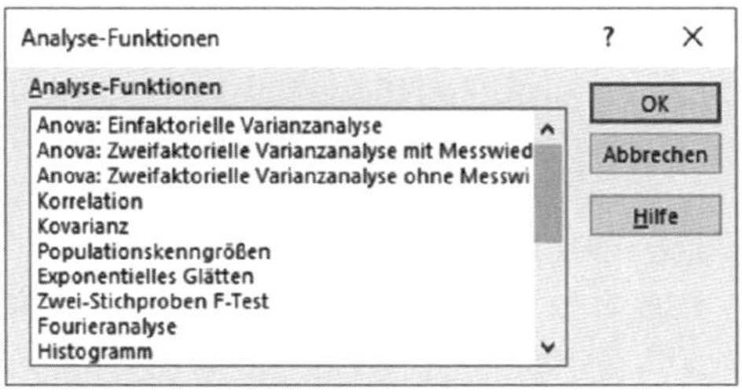

Das Dialogfenster »Analyse-Funktionen«

Einige Funktionen werden wir uns anhand eines Beispieldatensatzes genauer ansehen.

Die Tabellen-Funktionen

Bei den Tabellen-Funktionen handelt es sich um für Excel übliche Berechnungsanweisungen, die speziellen Zellen Funktionen zuweisen.

Um einer Zelle einen zu berechnenden Funktionswert zuzuweisen, müssen Sie die Zelle markieren und über die Schaltfläche FUNKTION EINFÜGEN (f_x), die Sie links neben der Bearbeitungsleiste finden, den Funktionsassistenten aufrufen.

Wählen Sie unter *Kategorie auswählen* die Kategorie »Statistik«, öffnet sich im Auswahlfenster *Funktion auswählen* eine Liste mit speziellen statistischen Tabellen-Funktionen.

Wenn Sie die gewünschte Funktion anklicken, erhalten Sie unter dem Auswahlfenster knappe Informationen dazu, was es mit der ausgewählten Funktion auf sich hat. Reicht Ihnen diese Kurzinformation nicht aus, besteht die sehr anwenderfreundliche Möglichkeit, sich zur ausgewählten Funktion eine eigene Excel-Hilfeseite anzeigen zu lassen, in der — neben der Definition der Funktion und einer Anleitung zur konkreten Durchführung der Berechnung — auch die zu Grunde liegenden statistischen Formeln angegeben sind. Der Aufruf geschieht durch Anklicken von »Hilfe für diese Funktion«.

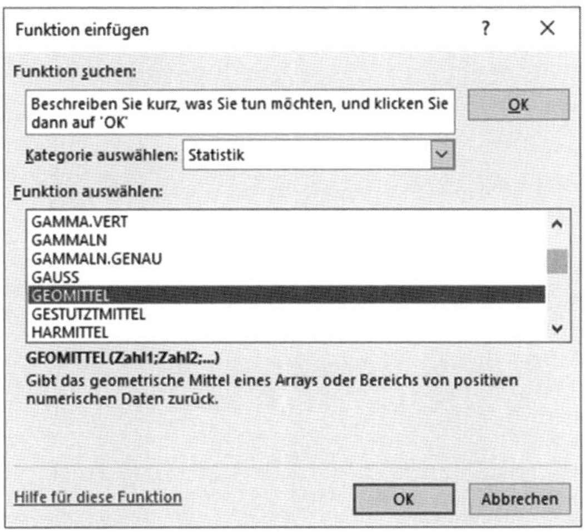

Das Dialogfenster »Funktion einfügen«

Wenn Sie mit OK bestätigen, erscheint der eigentliche Assistent, der Sie dann auffordert, die notwendigen Eingaben (Funktionsargumente, Ein- und Ausgabebereiche oder Parameterwerte) vorzunehmen.

Grundlegende statistische Analyseverfahren

Mithilfe eines Beispieldatensatzes wollen wir einige statistische Verfahren mit Excel durchführen, die wir auch im Buch beschrieben haben. Sie finden den Beispieldatensatz und die meisten Auswertungen auch auf den Arbeitshilfen online. Zur Analyse stehen Ihnen je 30 Werte zweier Variablen zur Verfügung:

	Werte	
Nr.	**Merkmal X**	**Merkmal Y**
1	3,1	2,8
2	1,5	0,6
3	0,5	0,1
4	1,3	0,4
5	0,7	0,6
6	1,6	1,6
7	1,2	1,2
8	4,4	3,7
9	1,1	1,5
10	4,9	3,5
11	1,1	1,5
12	5,0	5,9
13	1,5	2,1
14	3,2	3,8
15	3,1	4
16	2,4	2,8
17	3,9	1,9
18	1,5	1,6
19	2,4	1,5
20	1,6	0,2
21	0,5	0,2
22	1,9	0,9
23	2,0	1,9
24	2,6	3,1
25	3,1	1,1
26	2,4	3,5
27	0,6	0,7
28	2,1	1,1
29	1,2	2,2
30	3,0	2,9

Der Beispieldatensatz

Berechnung und Darstellung von klassierten Häufigkeiten

Über die Funktion HÄUFIGKEIT können Sie sich die (absolute) Häufigkeitsverteilung einer in Klassen eingeteilten Werteliste ausgeben lassen. Die Eingabe erfordert die Angabe des Datenbereichs und der Klassenobergrenzen. Die Klassengrenzen können Sie nach sachlogischen Überlegungen frei wählen; lediglich die Klassenobergrenzen sind als Werte in einem Tabellenbereich anzugeben. Die Berechnungsfunktion greift dann auf die Klassenobergrenzen zurück.

Markieren Sie zunächst den Ausgabebereich, in den das Ergebnis (die absoluten Klassenhäufigkeiten) geschrieben werden sollen. Wenn Sie die Ausgabe z. B. für fünf Klassen haben möchten, müssen Sie fünf Zellen markieren. Rufen Sie dann die Funktion HÄUFIGKEIT auf und geben Sie den Datenbereich und den Bereich mit den fünf Klassenobergrenzen an. Bestätigen Sie durch gleichzeitiges Drücken der Tasten STRG+UMSCHALT+EINGABE. Damit wird die Berechnung für alle markierten Ausgabezellen vollzogen.

Erweitert um die Gesamtsumme und die relativen Häufigkeiten, könnte die Ausgabe für die Häufigkeitsverteilung des Merkmals X wie in der nachfolgenden Abbildung aussehen. Dabei erhalten Sie die relativen Häufigkeiten jeweils durch Division der absoluten Häufigkeit durch die Gesamtsumme.

Klassen			abs. Häufigkeiten	rel. Häufigkeiten
0,0	bis	1,0	4	0,13
1,0	bis	2,0	12	0,40
2,0	bis	3,0	6	0,20
3,0	bis	4,0	5	0,17
4,0	bis	5,0	3	0,10
Summe			30	1,00

Eingabebereich für Klassenobergrenzen

Ausgabebereich für abs. Häufigkeiten

Beispiel für eine Häufigkeitsverteilung des Merkmals X

Die grafische Darstellung kann über den Diagramm-Assistenten erfolgen. Auf diese grundlegenden Grafik-Funktionen von Excel gehen wir hier nicht näher ein, zumal die grafischen Darstellungen, die Excel bietet, nicht »statistikspezifisch« sind. Excel-Anwendern dürfte der Umgang mit den Grafik-Funktionen hinlänglich bekannt sein.

Berechnung von Kennzahlen (deskriptive Statistik)

Statistische Kennzahlen lassen sich auf Grundlage einer Datenmenge zu Genüge berechnen. Die nachfolgende Liste soll die Funktionen und deren Inhalte deutlich machen.

Funktion	Beschreibung
MITTELWERT(Zahl1;Zahl2;...)	Arithmetisches Mittel
GEOMITTEL(Zahl1;Zahl2;...)	Geometrisches Mittel
QUANTIL(Matrix;Alpha)	α-Quantil
MEDIAN(Zahl1;Zahl2;...)	Median (50%-Quantil)
MODALWERT(Zahl1;Zahl2;...)	Modus
MIN(Zahl1;Zahl2;...)	Minimum
MAX(Zahl1;Zahl2;...)	Maximum
QUANTILSRANG(Matrix;x;Genauigkeit)	α-Wert zu x-Wert
QUARTILE(Matrix;Quartil)	Quartil
STABWN(Zahl1;Zahl2;...)	Standardabweichung
VARIANZEN(Zahl1;Zahl2;...)	Varianz
KOVAR(Matrix1;Matrix2)	Kovarianz
KORREL(Matrix1;Matrix2)	Korrelationskoeffizient

Für die Merkmalswerte der Variablen X ergeben sich z. B. die folgenden Kenngrößen. Versuchen Sie, diese mit den zugehörigen Funktionen nachzurechnen.

Kenngrößen	
Arithm. Mittel	2,18
Geom. Mittel	1,826760
Quantile	
10%-Quantil	0,69
50%-Quantil	1,95
80%-Quantil	3,1
Median	2,0
Modus	3,1
Maximun	5,0
Minimum	0,5
Quantilsrang	
x = 1	0,129
x = 2,5	0,672
x = 3,1	0,758
Quartil	
1. Quartil	1,225
2. Quartil	1,95
Standardabw.	1,229471
Varianz	1,5116
Spannweite	4,5
Kovarianz	1,336933
Korrelation	0,796115

Verschiedene Kenngrößen der Variablen X

Wie Sie sehen stehen Ihnen in Excel verschiedene Funktionen zur Verfügung, mit deren Hilfe Sie Lage- oder Streuungsparameter, Quantile oder Kenngrößen des statistischen Zusammenhangs berechnen können. Probieren Sie die verschiedenen Funktionen bitte selbst aus!

Über die Analyse-Funktion *Populationskenngrößen* erhalten Sie »auf einen Klick« diverse eindimensionale deskriptive Statistiken.

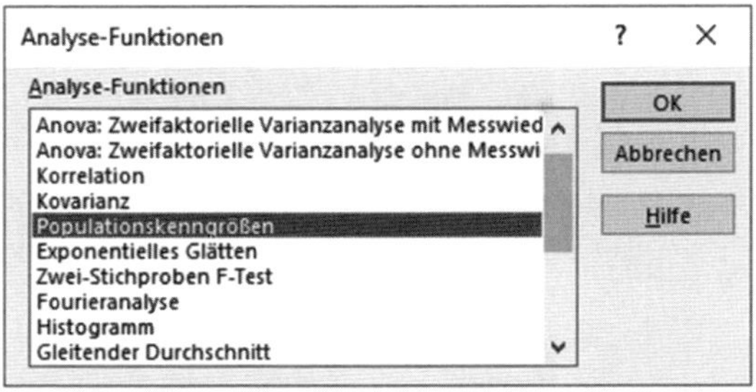

Das Dialogfenster »Analyse-Funktionen«

Wählen Sie hierzu im nachfolgenden Dialogfenster die Option *Statistische Kenngrößen*.

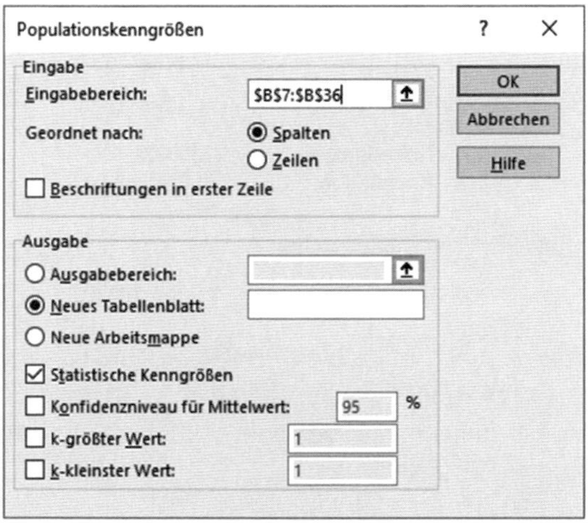

Das Dialogfenster »Populationskenngrößen«

Für unsere x-Werte erhalten wir die nachfolgende Ausgabe.

Spalte1	
Mittelwert	2,18
Standardfehler	0,228307113
Median	1,95
Modus	3,1
Standardabweichung	1,250489559
Stichprobenvarianz	1,563724138
Kurtosis	-0,080397382
Schiefe	0,746676152
Wertebereich	4,5
Minimum	0,5
Maximum	5
Summe	65,4
Anzahl	30

Die Populationskenngrößen auf einen Blick

Die gelieferten Werte entsprechen natürlich den mithilfe der einzelnen Tabellenfunktionen »manuell« berechneten Größen — soweit sie vorhanden sind.

Regressionsrechnung

Den tendenziellen Zusammenhang zweier Merkmale können wir — im Falle eines linearen Zusammenhangs — in einer Regressionsgleichung der Form $\hat{y} = a + b \cdot x$ wiedergeben.

Excel bietet nun die Möglichkeit, nur durch Angabe von *x*- und *y*-Werten diverse Parameter der Regression zu berechnen. Hierzu gehören das Absolutglied *a*, der Steigungskoeffizient *b*, die geschätzten Regressandenwerte (für beliebige Regressorwerte) und auch das Bestimmtheitsmaß.

Verfügbare Funktionen sind:

Funktion	Beschreibung
ACHSENABSCHNITT(Y_Werte;X_Werte)	Absolutglied (Y- Achsenabschnitt) a
STEIGUNG(Y_Werte;X_Werte)	Steigungskoeffizient b
SCHÄTZER(x; Y_Werte;X_Werte)	Geschätzter Regressandenwert $(\hat{y} = a + b \cdot x)$ für beliebigen x-Wert
BESTIMMTHEITMASS(Y_Werte;X_Werte)	Bestimmtheitsmaß

Auf unser Beispiel angewandt erhalten wir die folgenden Werte:

Absolutglied:	0,035234
Steigung:	0,884449
Bestimmtheitsmaß:	0,633798

Parameter der Regression

Damit lautet die Regressionsgleichung:

$$\hat{y} = 0{,}035234 + 0{,}884449 \cdot x$$

Die Funktion SCHÄTZER(x;Y_Werte; X_Werte) liefert, wenn Sie für *x* z. B. den Wert 5 einsetzen, den Schätzwert:

$$\hat{y} = 0{,}035234 + 0{,}884449 \cdot 5 = 4{,}4575$$

Zur Durchführung von Regressionsanalysen bietet Excel auch die Analyse-Funktion REGRESSION an.

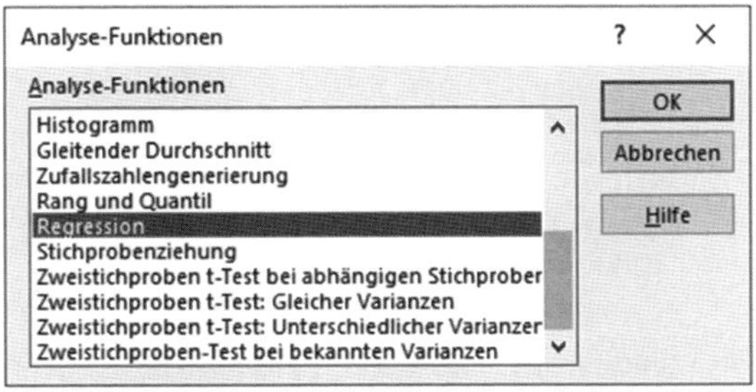

Das Dialogfenster »Analyse-Funktionen«

Die automatisierte Berechnung aller wichtigen Komponenten einer Regressionsanalyse können Sie hiermit auf einen Schlag ausgeben lassen.

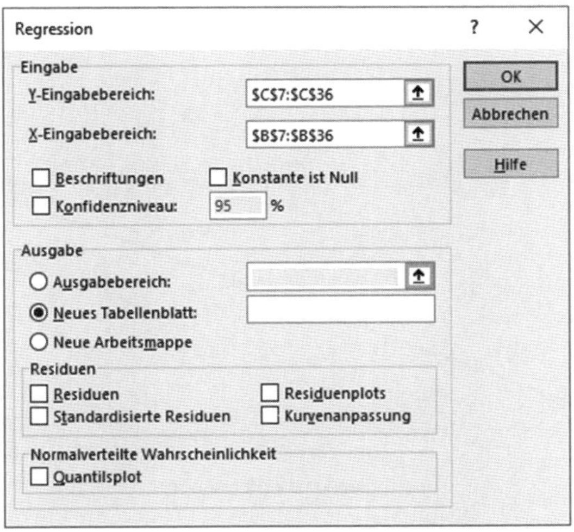

Das Dialogfenster »Regression«

Standardmäßig werden neben den Koeffizienten auch das Bestimmtheitsmaß, der Korrelationskoeffizient, eine Tabelle mit der Streuungszerlegung (ANOVA = Analysis of Variance) und die Werte, die für die Parametertests der Koeffizienten herangezogen werden können, ausgegeben.

Auf den Arbeitshilfen online finden Sie die Ergebnisse der so durchgeführten Regressions-Funktion für die Beispieldaten von oben.

Sind Sie an einer schnellen Prüfung der Art des Zusammenhangs zwischen zwei Variablen interessiert, können Sie die Regressionsrechnung auch im Rahmen eines Streudiagramms anwenden.

Erzeugen Sie eine Punktewolke und klicken Sie mit der rechten Maustaste auf einen beliebigen Datenpunkt. Über die Auswahl *Trendlinie hinzufügen* haben Sie die Möglichkeit, sich eine lineare (oder auch eine nichtlineare) Regressionsfunktion anzeigen zu lassen (Auswahlfenster *Typ*). Im Auswahlfenster *Optionen* können Sie zudem angeben, ob zugleich auch die Funktion und/oder das Bestimmtheitsmaß angezeigt werden soll.

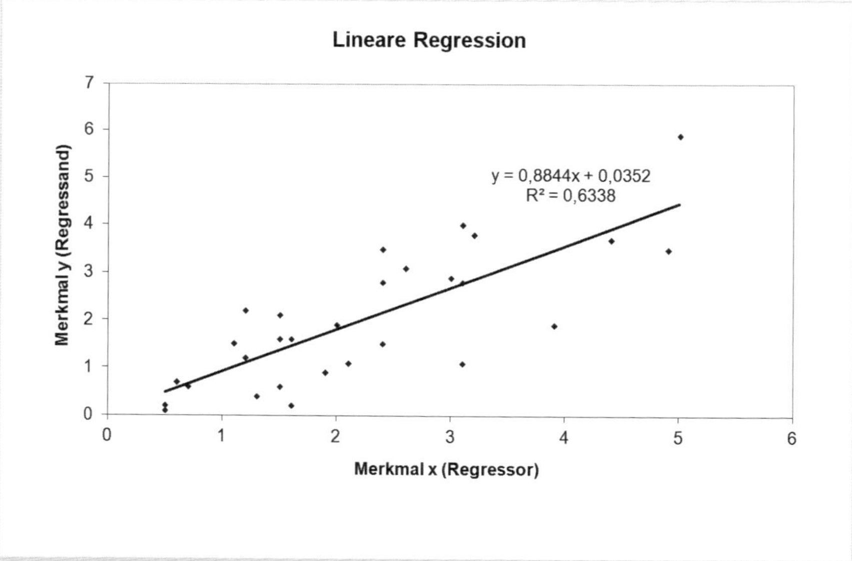

Regressionsrechnung im Rahmen eines Streudiagramms

Statistische Tests

Wenn Sie mithilfe von Excel Hypothesen testen wollen, müssen Sie sich mit den für diese Zwecke bereitgestellten Analyse-Funktionen intensiver auseinandersetzen. Bitte studieren Sie die Einträge zu diesen Analyse-Funktionen in der Excel-Hilfe. Vor diesem Hintergrund sollte es Ihnen möglich sein, die entsprechenden Tests selbstständig durchzuführen.

Ein kommentiertes Beispiel sowohl für einen Test auf einen bestimmten Erwartungswert (t-Test im Einstichprobenfall) als auch für den Vergleich zweier Erwartungswerte (t-Test im Zweistichprobenfall) finden Sie auf den Arbeitshilfen online. Die Beispiele erlauben Ihnen, die Nullhypothesenwerte selbst festzulegen und die Testentscheidung anhand des p-Wertes nachzuverfolgen.

Anhang

Statistische Formelsammlung

Allgemeine Symbole

N Umfang der Grundgesamtheit

n Anzahl der Beobachtungswerte

— Totalerhebung: $n = N$

— Teilerhebung: n = Stichprobenumfang

k Anzahl der Kategorien (verschiedene Werte) bzw. Klassen eines Merkmals ($k \leq n$)

x_i Ausprägung des Merkmals im i-ten Element ($i = 1, \ldots, n$)

x_j Ausprägung des Merkmals in der j-ten Kategorie ($j = 1, \ldots, k$)

h_j absolute Häufigkeit der j-ten Kategorie ($j = 1, \ldots, k$)

h_j^* relative Häufigkeit der j-ten Kategorie ($j = 1, \ldots, k$) mit $h_j^* = h_j / n$

Statistische Kennwerte

$\bar{x}$ arithmetisches Mittel: $\bar{x} = \frac{1}{n}\sum_{i=1}^{n} x_i$

$\bar{x}_g$ gewogenes arithmetisches Mittel: $\bar{x}_g = \sum_{i=1}^{n} x_i g_i$, wobei gilt:

$\sum_{i=1}^{n} g_i = 1$ und $g_i \geq 0$ für alle $i = 1, \ldots, n$

speziell bei einer Häufigkeitsverteilung mit k Kategorien und $g_j = h_j^*$:

$$\bar{x} = \sum_{j=1}^{k} x_j h_j^* \text{ bzw. } \bar{x} = \frac{1}{n}\sum_{j=1}^{k} x_j h_j$$

speziell bei einer klassierten Häufigkeitsverteilung mit k Klassen und $g_j = h_j^*$:

$$\bar{x} = \sum_{j=1}^{k} \bar{x}_j h_j^* \text{ bzw. } \bar{x} = \frac{1}{n}\sum_{j=1}^{k} \bar{x}_j h_j$$

bzw. nur angenähert durch $\overline{x}' = \sum_{j=1}^{k} x'_j h_j^*$ bzw. $\overline{x}' = \frac{1}{n}\sum_{j=1}^{k} x'_j h_j$

(mit x'_j = Klassenmitte der j-ten Klasse)

$x_{0,5}$	Median:	$x_{0,5} = \begin{cases} x_{\left[\frac{n+1}{2}\right]} & \textit{falls } n \textit{ ungerade} \\ \frac{1}{2}\left(x_{\left[\frac{n}{2}\right]} + x_{\left[\frac{n}{2}+1\right]}\right) & \textit{falls } n \textit{ gerade} \end{cases}$
$\overline{x}_{geo}$	geometrisches Mittel:	$\overline{x}_{geo} = \sqrt[n]{x_1 \cdot x_2 \cdot \ldots \cdot x_n}$
$\overline{x}_h$	harmonisches Mittel:	$\overline{x}_h = \frac{n}{\sum_{i=1}^{n} \frac{1}{x_i}}$
s^2	(Empirische) Varianz:	$s^2 = \frac{1}{n}\sum_{i=1}^{n}(x_i - \overline{x})^2 = \frac{1}{n}\sum_{i=1}^{n} x_i^2 - \overline{x}^2$

speziell bei einer Häufigkeitsverteilung mit k Kategorien:

$$s^2 = \sum_{j=1}^{k}\left(x_j - \overline{x}\right)^2 h_j^* = \sum_{j=1}^{k} x_j^2 h_j^* - \overline{x}^2$$

bzw.

$$s^2 = \frac{1}{n}\sum_{j=1}^{k}\left(x_j - \overline{x}\right)^2 h_j = \frac{1}{n}\sum_{j=1}^{k} x_j^2 h_j - \overline{x}^2$$

s	Standardabweichung:	$s = \sqrt[+]{s^2}$
v	Variationskoeffizient:	$v = \frac{s}{\lvert \overline{x} \rvert}$
s_{xy}	Kovarianz:	$s_{xy} = \frac{1}{n}\sum_{i=1}^{n}(x_i - \overline{x})(y_i - \overline{y})$
r_{xy}	Korrelationskoeffizient (nach Bravais-Pearson):	$r_{xy} = \frac{s_{xy}}{s_x \cdot s_y}$ mit $-1 \le r_{xy} \le 1$

χ^2 Chi²-Koeffizient: $\chi^2 = n\sum_{i=1}^{k}\sum_{j=1}^{l}\frac{\left(h_{ij}^{*} - e_{ij}^{*}\right)^2}{e_{ij}^{*}}$; $\chi^2 \geq 0$

mit k als Anzahl der Kategorien des 1. Merkmals, l als Anzahl der Kategorien des 2. Merkmals; $e_{ij}^{*} = h_{i\bullet}^{*} \cdot h_{\bullet j}^{*}$ als den bei Unabhängigkeit erwarteten relativen gemeinsamen Häufigkeiten und $h_{i\bullet}^{*}, h_{\bullet j}^{*}$ als den beobachteten Randhäufigkeiten

C Kontingenzkoeffizient: $C = \sqrt{\frac{\chi^2}{\chi^2 + n}}$; $0 < C < 1$

V Cramer V: $V = \sqrt{\frac{\chi^2}{n \cdot (q-1)}}$; $0 \leq V \leq 1$; mit $q = \min(k,l)$

Regressionsrechnung

$\hat{y}_i$ Regressionsgerade (lineare Einfachregression): $\hat{y}_i = a + b \cdot x_i$

bzw. falls Zeit t selbst Regressor (Zeitreihe): $\hat{y}_t = a + b \cdot t$

mit $a = \overline{y} - b \cdot \overline{x}$ (Absolutglied)

$$b = \frac{\sum_{i=1}^{n} x_i y_i - n\overline{xy}}{\sum_{i=1}^{n} x_i^2 - n\overline{x}^2} \quad \text{(Steigungskoeffizient)}$$

r^2 Bestimmtheitsmaß: $r^2 = \frac{s_{xy}^2}{s_x^2 \cdot s_y^2}$, mit $0 \leq r^2 \leq 1$

Wahrscheinlichkeitsrechnung

$W(A \cup B) = W(A) + W(B) - W(A \cap B)$	Additionssatz
$W(A \cup B) = W(A) + W(B)$, falls $A \cap B = \varnothing$,	d. h. A und B sind unvereinbar (disjunkt)
$W(A) = W(A \cap B) + W(A \cap \bar{B})$	Totale Wahrscheinlichkeit
$W(A \mid B) = \dfrac{W(A \cap B)}{W(B)}$	Bedingte Wahrscheinlichkeit
$W(A \cap B) = W(A) \cdot W(B \mid A)$	Multiplikationssatz
$W(A \cap B) = W(A) \cdot W(B)$,	falls A und B unabhängig

Zufallsvariablen und ihre Verteilungen

X diskret	X stetig
Wahrscheinlichkeitsfunktion:	Dichtefunktion:
$f(x_i) = W(X = x_i)$	$f(x) = F'(x) = \dfrac{dF(x)}{dx}$
Verteilungsfunktion:	Verteilungsfunktion:
$F(x) = W(X \le x) = \sum_{x_i \le x} f(x_i)$	$F(x) = W(X \le x) = \int_{-\infty}^{x} f(t)dt$
	$W(a \le X \le b) = \int_{a}^{b} f(x)dx$
	$= F(b) - F(a)$

Verteilungsparameter

X diskret	X stetig
$E(X) = \sum_i x_i \cdot f(x_i)$	$E(X) = \int_{-\infty}^{+\infty} x \cdot f(x)dx$
$Var(X) = \sum_i (x_i - E(X))^2 \cdot f(x_i)$	$Var(X) = \int_{-\infty}^{+\infty} (x - E(X))^2 \cdot f(x)dx$

Spezielle theoretische Verteilungen

Binomialverteilung

$$b(x|n;\theta) = \binom{n}{x} \theta^x (1-\theta)^{n-x} \text{ für } x = 0,1,2,\dots,n;$$

mit $E(X) = n \cdot \theta$; $Var(X) = n \cdot \theta \cdot (1-\theta)$

Hypergeometrische Verteilung

$$h(x|n;N,M) = \frac{\binom{M}{x}\binom{N-M}{n-x}}{\binom{N}{n}} \text{ für } x = 0,1,2,\dots,n;$$

mit $E(X) = n \cdot \frac{M}{N}$; $Var(X) = n \cdot \frac{M}{N} \cdot \left(1 - \frac{M}{N}\right) \cdot \frac{N-n}{N-1}$

Normalverteilung

$$\varphi(x|\mu;\sigma^2) = \frac{1}{\sigma\sqrt{2\pi}} e^{-\frac{1}{2}\left(\frac{x-\mu}{\sigma}\right)^2} \text{ (Dichtefunktion)}$$

mit $E(X) = \mu$; $Var(X) = \sigma^2$

Standardnormalverteilung

$$Z = \frac{X-\mu}{\sigma} \rightarrow N(0;1); \text{ mit } X \rightarrow N(\mu;\sigma^2)$$

$$\Phi_X(x|\mu;\sigma^2) = \Phi_Z\left(\frac{x-\mu}{\sigma}\right) = \Phi_Z(z) \text{ (Verteilungsfunktion)}$$

$$\Phi_Z(-z) = 1 - \Phi_Z(z); \quad z(p) = -z(1-p)$$

Approximationen (mit Faustregeln)

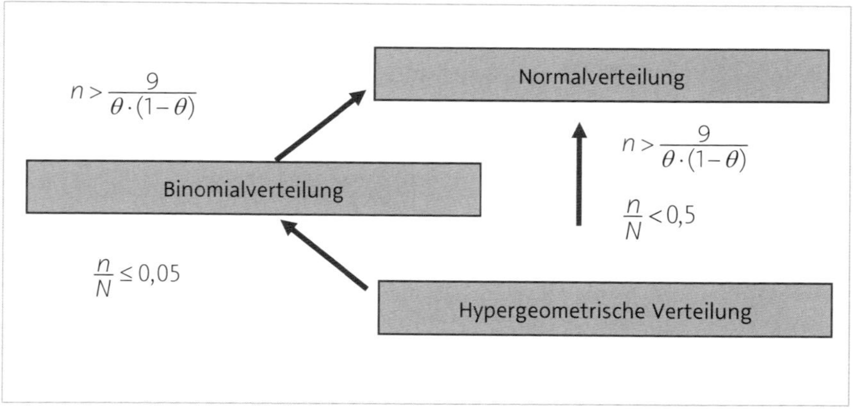

Schätzen von Parametern

»Beste« Punktschätzer

- für $E(X)$ bzw. μ: $\bar{x} = \frac{1}{n}\sum_{i=1}^{n} x_i$ (Stichprobenmittelwert)
- für $Var(X)$ bzw. σ^2: $s^{*2} = \frac{1}{n-1}\sum_{i=1}^{n}(x_i - \bar{x})^2 = \frac{1}{n-1}\sum_{i=1}^{n} x_i^2 - \frac{1}{n-1}\bar{x}^2$

  (Stichprobenvarianz im M. m. Z. und falls $\frac{n}{N} > 0{,}05$)

  $\frac{N-1}{N} s^{*2}$ (im M. o. Z. und nur falls $\frac{n}{N} > 0{,}05$)

- für Anteilswert θ: $p = \frac{x}{n}$ (Stichprobenanteilswert)

Intervallschätzung

$(1-\alpha)\cdot 100\%$-Konfidenzintervalle in Standardsituationen:

- für den Erwartungswert μ einer Normalverteilung, falls σ^2 bekannt (gilt auch bei beliebiger Verteilung für $n > 30$)
  - im M. o. Z.:

    $$\left[\bar{x} - z(1-\alpha/2)\frac{\sigma}{\sqrt{n}}\sqrt{\frac{N-n}{N-1}}\,;\, \bar{x} + z(1-\alpha/2)\frac{\sigma}{\sqrt{n}}\sqrt{\frac{N-n}{N-1}}\right]$$

  - im M. m. Z. bzw. im M. o. Z., falls $\frac{n}{N} < 0{,}05$:

    $$\left[\bar{x} - z(1-\alpha/2)\frac{\sigma}{\sqrt{n}}\,;\, \bar{x} + z(1-\alpha/2)\frac{\sigma}{\sqrt{n}}\right]$$

- für den Erwartungswert μ einer Normalverteilung, falls σ^2 unbekannt (gilt auch bei beliebiger Verteilung für $n > 30$)
  - im M. o. Z.:

    $$\left[\bar{x} - t(1-\alpha/2;n-1)\frac{s^*}{\sqrt{n}}\sqrt{\frac{N-n}{N-1}}\,;\, \bar{x} + t(1-\alpha/2;n-1)\frac{s^*}{\sqrt{n}}\sqrt{\frac{N-n}{N-1}}\right]$$

  - im M. m. Z. bzw. im M. o. Z., falls $\frac{n}{N} < 0{,}05$:

    $$\left[\bar{x} - t(1-\alpha/2;n-1)\frac{s^*}{\sqrt{n}}\,;\, \bar{x} + t(1-\alpha/2;n-1)\frac{s^*}{\sqrt{n}}\right]$$

  (für $n > 30$ ersetze man die t- durch die z-Quantile)

- für den Anteilswert θ einer dichotomen Grundgesamtheit
  - im M. o. Z.:

    $$\left[p - z(1-\alpha/2)\sqrt{\frac{p(1-p)}{n}}\sqrt{\frac{N-n}{N-1}}\,;\, p + z(1-\alpha/2)\sqrt{\frac{p(1-p)}{n}}\sqrt{\frac{N-n}{N-1}}\right]$$

    (gültig für $n > \frac{9}{p(1-p)}$ und $n > 100$ und $\frac{n}{N} < 0{,}5$)

  - im M. m. Z. bzw. im M. o. Z., falls $\frac{n}{N} < 0{,}05$:

    $$\left[p - z(1-\alpha/2)\sqrt{\frac{p(1-p)}{n}}\,;\, p + z(1-\alpha/2)\sqrt{\frac{p(1-p)}{n}}\right]$$

    (gültig für $n > \frac{9}{p(1-p)}$ und $n > 100$)

Statistische Testverfahren

Tests für den Erwartungswert bzw. Anteilswert:

- für den Erwartungswert μ einer Normalverteilung (gilt auch bei beliebiger Verteilung für $n > 30$), falls Varianz σ^2 bekannt:

  Prüfvariable: $z = \frac{\bar{x} - \mu_0}{\sigma}\sqrt{n}$

  $H_0 : \mu = \mu_0 \quad \rightarrow \quad$ AB: $z < -z(1-\alpha/2)$ oder $z > z(1-\alpha/2)$

  $H_0 : \mu \leq \mu_0 \quad \rightarrow \quad$ AB: $z > z(1-\alpha)$

  $H_0 : \mu \geq \mu_0 \quad \rightarrow \quad$ AB: $z < -z(1-\alpha)$

- für den Erwartungswert μ einer Normalverteilung (gilt auch bei beliebiger Verteilung für $n > 30$), falls Varianz σ^2 unbekannt:

  Prüfvariable: $t = \frac{\bar{x} - \mu_0}{s^*}\sqrt{n}$

  $H_0 : \mu = \mu_0 \quad \rightarrow \quad$ AB: $t < -t(1-\alpha/2; n-1)$ oder $t > -t(1-\alpha/2; n-1)$

  $H_0 : \mu \leq \mu_0 \quad \rightarrow \quad$ AB: $t > t(1-\alpha; n-1)$

  $H_0 : \mu \geq \mu_0 \quad \rightarrow \quad$ AB: $t < -t(1-\alpha; n-1)$

  (für $n > 30$ ersetze man die t- durch die z-Quantile)

- für den Anteilswert θ einer dichotomen Grundgesamtheit im M. o. Z.:

  Prüfvariable: $z = \frac{np - n\theta_0}{\sqrt{n\theta_0(1-\theta_0)}\sqrt{\frac{N-n}{N-1}}}$;

  gültig für $n > \frac{9}{p(1-p)}$ und $\frac{n}{N} < 0{,}5$

  $H_0 : \theta = \theta_0 \quad \rightarrow \quad$ AB: $z = \frac{np + 0{,}5 - n\theta_0}{\sqrt{n\theta_0(1-\theta_0)}\sqrt{\frac{N-n}{N-1}}} < -z(1-\alpha/2)$ oder

  $z = \frac{np - 0{,}5 - n\theta_0}{\sqrt{n\theta_0(1-\theta_0)}\sqrt{\frac{N-n}{N-1}}} > z(1-\alpha/2)$

  $H_0 : \theta \leq \theta_0 \quad \rightarrow \quad$ AB: $z = \frac{np - 0{,}5 - n\theta_0}{\sqrt{n\theta_0(1-\theta_0)}\sqrt{\frac{N-n}{N-1}}} > z(1-\alpha)$

  $H_0 : \theta \geq \theta_0 \quad \rightarrow \quad$ AB: $z = \frac{np + 0{,}5 - n\theta_0}{\sqrt{n\theta_0(1-\theta_0)}\sqrt{\frac{N-n}{N-1}}} < -z(1-\alpha)$

- für den Anteilswert θ einer dichotomen Grundgesamtheit im M. m. Z.. bzw. im M. o. Z., falls $\frac{n}{N} < 0{,}05$:

  Prüfvariable: $z = \frac{np - n\theta_0}{\sqrt{n\theta_0(1-\theta_0)}}$; gültig für $n > \frac{9}{p(1-p)}$

  $H_0 : \theta = \theta_0 \quad \rightarrow \quad$ AB: $z = \frac{np + 0{,}5 - n\theta_0}{\sqrt{n\theta_0(1-\theta_0)}} < -z(1-\alpha/2)$ oder

  $$z = \frac{np - 0{,}5 - n\theta_0}{\sqrt{n\theta_0(1-\theta_0)}} > z(1-\alpha/2)$$

  $H_0 : \theta \leq \theta_0 \quad \rightarrow \quad$ AB: $z = \frac{np - 0{,}5 - n\theta_0}{\sqrt{n\theta_0(1-\theta_0)}} > z(1-\alpha)$

  $H_0 : \theta \geq \theta_0 \quad \rightarrow \quad$ AB: $z = \frac{np + 0{,}5 - n\theta_0}{\sqrt{n\theta_0(1-\theta_0)}} < -z(1-\alpha)$

Tests für den Vergleich zweier Erwartungswerte bzw. Anteilswerte:

- für die Erwartungswerte μ_1 und μ_2 zweier Normalverteilungen (gilt auch bei beliebiger Verteilung für $n_1, n_2 > 30$)

  — bei unbekannten aber **gleichen** Varianzen σ_1^2 und σ_2^2:

  Prüfvariable: $t = \frac{\bar{x}_1 - \bar{x}_2 - \delta_0}{s^* \sqrt{\frac{1}{n_1} + \frac{1}{n_2}}}$ mit $s^{*2} = \frac{(n_1 - 1)s_1^{*2} + (n_2 - 1)s_2^{*2}}{n_1 + n_2 - 2}$

  $H_0 : \mu_1 - \mu_2 = \delta_0 \rightarrow$ AB: $t < -t(1-\alpha/2; n_1 + n_2 - 2)$ oder

  $$t > -t(1-\alpha/2; n_1 + n_2 - 2)$$

  $H_0 : \mu_1 - \mu_2 \leq \delta_0 \rightarrow$ AB: $t > t(1-\alpha; n_1 + n_2 - 2)$

  $H_0 : \mu_1 - \mu_2 \geq \delta_0 \rightarrow$ AB: $t < -t(1-\alpha; n_1 + n_2 - 2)$

  (für $n_1, n_2 > 30$ ersetze man die t- durch die z-Quantile)

— bei unbekannten aber **ungleichen** Varianzen σ_1^2 und σ_2^2:

Prüfvariable: $t = \dfrac{\bar{x}_1 - \bar{x}_2 - \delta_0}{\sqrt{\dfrac{s_1^{*2}}{n_1} + \dfrac{s_2^{*2}}{n_2}}}$

$H_0: \mu_1 - \mu_2 = \delta_0 \rightarrow$ AB: $t < -t(1-\alpha/2; v)$ oder $t > t(1-\alpha/2; v)$

$H_0: \mu_1 - \mu_2 \leq \delta_0 \rightarrow$ AB: $t > t(1-\alpha; v)$

$H_0: \mu_1 - \mu_2 \geq \delta_0 \rightarrow$ AB: $t > -t(1-\alpha; v)$ mit: $v = \dfrac{\left(\dfrac{s_1^{*2}}{n_1} + \dfrac{s_2^{*2}}{n_2}\right)}{\dfrac{\left(\dfrac{s_1^{*2}}{n_1}\right)^2}{n_1 - 1} + \dfrac{\left(\dfrac{s_2^{*2}}{n_2}\right)^2}{n_2 - 1}}$

(für $n_1, n_2 > 30$ ersetze man die t- durch die z-Quantile)

- für die Anteilswerte θ_1 und θ_2 zweier dichotomer Grundgesamtheiten:

  Prüfvariable: $z = \dfrac{p_1 - p_2 - \delta_0}{\sqrt{\dfrac{p_1(1-p_1)}{n_1} + \dfrac{p_2(1-p_2)}{n_2}}}$; gültig für $n_k > \dfrac{9}{p_k(1-p_k)}; (k = 1,2)$

  $H_0: \theta_1 - \theta_2 = \delta_0 (\neq 0) \rightarrow$ AB: $z < -z(1-\alpha/2)$ oder $z > z(1-\alpha/2)$

  $H_0: \theta_1 - \theta_2 \leq \delta_0 \rightarrow$ AB: $z > z(1-\alpha)$

  $H_0: \theta_1 - \theta_2 \geq \delta_0 \rightarrow$ AB: $z < -z(1-\alpha)$

- Besonderheit bei spezieller Punkthypothese: $H_0: \theta_1 - \theta_2 = 0$

  Prüfvariable: $z = \dfrac{p_1 - p_2 - \delta_0}{\sqrt{p(1-p)\left(\dfrac{1}{n_1} + \dfrac{1}{n_2}\right)}}$ mit: $p = \dfrac{n_1 p_1 + n_2 p_2}{n_1 + n_2}$;

  gültig für $n_k > \dfrac{9}{p_k(1-p_k)}; (k = 1,2)$

  $H_0: \theta_1 - \theta_2 = 0 \rightarrow$ AB: $z < -z(1-\alpha/2)$ oder $z > z(1-\alpha/2)$

Verteilungstabellen

Tab. 1: Standardnormalverteilung

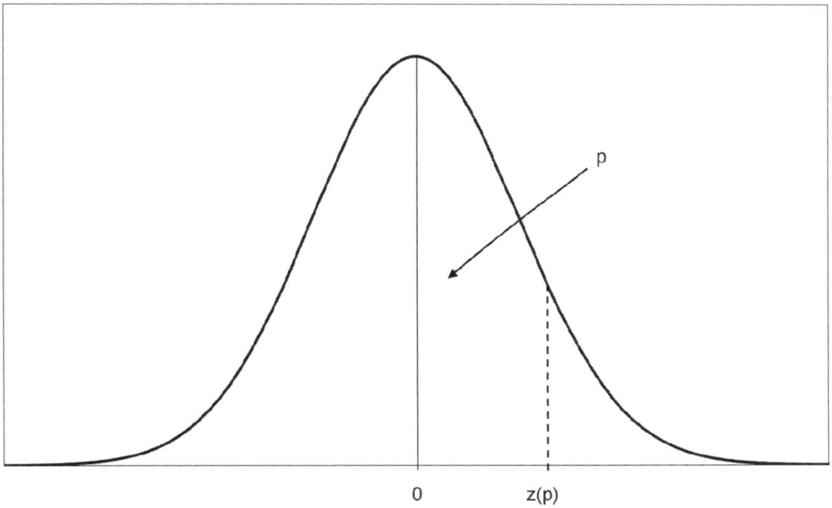

Standardnormalverteilung							
z(p)	p	z(p)	p	z(p)	p	z(p)	p
0,00	0,5000	0,18	0,5714	0,36	0,6406	0,54	0,7054
0,01	0,5040	0,19	0,5753	0,37	0,6443	0,55	0,7088
0,02	0,5080	0,20	0,5793	0,38	0,6480	0,56	0,7123
0,03	0,5120	0,21	0,5832	0,39	0,6517	0,57	0,7157
0,04	0,5160	0,22	0,5871	0,40	0,6554	0,58	0,7190
0,05	0,5199	0,23	0,5910	0,41	0,6591	0,59	0,7224
0,06	0,5239	0,24	0,5948	0,42	0,6628	0,60	0,7257
0,07	0,5279	0,25	0,5987	0,43	0,6664	0,61	0,7291
0,08	0,5319	0,26	0,6026	0,44	0,6700	0,62	0,7324
0,09	0,5359	0,27	0,6064	0,45	0,6736	0,63	0,7357
0,10	0,5398	0,28	0,6103	0,46	0,6772	0,64	0,7389
0,11	0,5438	0,29	0,6141	0,47	0,6808	0,65	0,7422
0,12	0,5478	0,30	0,6179	0,48	0,6844	0,66	0,7454

Standardnormalverteilung							
z(p)	p	z(p)	p	z(p)	p	z(p)	p
0,13	0,5517	0,31	0,6217	0,49	0,6879	0,67	0,7486
0,14	0,5557	0,32	0,6255	0,50	0,6915	0,68	0,7517
0,15	0,5596	0,33	0,6293	0,51	0,6950	0,69	0,7549
0,16	0,5636	0,34	0,6331	0,52	0,6985	0,70	0,7580
0,17	0,5675	0,35	0,6368	0,53	0,7019	0,71	0,7611
0,72	0,7642	1,06	0,8554	1,40	0,9192	1,74	0,9591
0,73	0,7673	1,07	0,8577	1,41	0,9207	1,75	0,9599
0,74	0,7704	1,08	0,8599	1,42	0,9222	1,76	0,9608
0,75	0,7734	1,09	0,8621	1,43	0,9236	1,77	0,9616
0,76	0,7764	1,10	0,8643	1,44	0,9251	1,78	0,9625
0,77	0,7794	1,11	0,8665	1,45	0,9265	1,79	0,9633
0,78	0,7823	1,12	0,8686	1,46	0,9279	1,80	0,9641
0,79	0,7852	1,13	0,8708	1,47	0,9292	1,81	0,9649
0,80	0,7881	1,14	0,8729	1,48	0,9306	1,82	0,9656
0,81	0,7910	1,15	0,8749	1,49	0,9319	1,83	0,9664
0,82	0,7939	1,16	0,8770	1,50	0,9332	1,84	0,9671
0,83	0,7967	1,17	0,8790	1,51	0,9345	1,85	0,9678
0,84	0,7995	1,18	0,8810	1,52	0,9357	1,86	0,9686
0,85	0,8023	1,19	0,8830	1,53	0,9370	1,87	0,9693
0,86	0,8051	1,20	0,8849	1,54	0,9382	1,88	0,9699
0,87	0,8078	1,21	0,8869	1,55	0,9394	1,89	0,9706
0,88	0,8106	1,22	0,8888	1,56	0,9406	1,90	0,9713
0,89	0,8133	1,23	0,8907	1,57	0,9418	1,91	0,9719
0,90	0,8159	1,24	0,8925	1,58	0,9429	1,92	0,9726
0,91	0,8186	1,25	0,8944	1,59	0,9441	1,93	0,9732
0,92	0,8212	1,26	0,8962	1,60	0,9452	1,94	0,9738
0,93	0,8238	1,27	0,8980	1,61	0,9463	1,95	0,9744
0,94	0,8264	1,28	0,8997	1,62	0,9474	1,96	0,9750
0,95	0,8289	1,29	0,9015	1,63	0,9484	1,97	0,9756
0,96	0,8315	1,30	0,9032	1,64	0,9495	1,98	0,9761

Standardnormalverteilung							
z(p)	p	z(p)	p	z(p)	p	z(p)	p
0,97	0,8340	1,31	0,9049	1,65	0,9505	1,99	0,9767
0,98	0,8365	1,32	0,9066	1,66	0,9515	2,00	0,9772
0,99	0,8389	1,33	0,9082	1,67	0,9525	2,01	0,9778
1,00	0,8413	1,34	0,9099	1,68	0,9535	2,02	0,9783
1,01	0,8438	1,35	0,9115	1,69	0,9545	2,03	0,9788
1,02	0,8461	1,36	0,9131	1,70	0,9554	2,04	0,9793
1,03	0,8485	1,37	0,9147	1,71	0,9564	2,05	0,9798
1,04	0,8508	1,38	0,9162	1,72	0,9573	2,06	0,9803
1,05	0,8531	1,39	0,9177	1,73	0,9582	2,07	0,9808
2,08	0,9812	2,42	0,9922	2,76	0,9971	3,10	0,9990
2,09	0,9817	2,43	0,9925	2,77	0,9972	3,11	0,9991
2,10	0,9821	2,44	0,9927	2,78	0,9973	3,12	0,9991
2,11	0,9826	2,45	0,9929	2,79	0,9974	3,13	0,9991
2,12	0,9830	2,46	0,9931	2,80	0,9974	3,14	0,9992
2,13	0,9834	2,47	0,9932	2,81	0,9975	3,15	0,9992
2,14	0,9838	2,48	0,9934	2,82	0,9976	3,16	0,9992
2,15	0,9842	2,49	0,9936	2,83	0,9977	3,17	0,9992
2,16	0,9846	2,50	0,9938	2,84	0,9977	3,18	0,9993
2,17	0,9850	2,51	0,9940	2,85	0,9978	3,19	0,9993
2,18	0,9854	2,52	0,9941	2,86	0,9979	3,20	0,9993
2,19	0,9857	2,53	0,9943	2,87	0,9979	3,21	0,9993
2,20	0,9861	2,54	0,9945	2,88	0,9980	3,22	0,9994
2,21	0,9864	2,55	0,9946	2,89	0,9981	3,23	0,9994
2,22	0,9868	2,56	0,9948	2,90	0,9981	3,24	0,9994
2,23	0,9871	2,57	0,9949	2,91	0,9982	3,25	0,9994
2,24	0,9875	2,58	0,9951	2,92	0,9982	3,26	0,9994
2,25	0,9878	2,59	0,9952	2,93	0,9983	3,27	0,9995
2,26	0,9881	2,60	0,9953	2,94	0,9984	3,28	0,9995
2,27	0,9884	2,61	0,9955	2,95	0,9984	3,29	0,9995
2,28	0,9887	2,62	0,9956	2,96	0,9985	3,30	0,9995

Standardnormalverteilung							
z(p)	p	z(p)	p	z(p)	p	z(p)	p
2,29	0,9890	2,63	0,9957	2,97	0,9985	3,31	0,9995
2,30	0,9893	2,64	0,9959	2,98	0,9986	3,32	0,9995
2,31	0,9896	2,65	0,9960	2,99	0,9986	3,33	0,9996
2,32	0,9898	2,66	0,9961	3,00	0,9987	3,34	0,9996
2,33	0,9901	2,67	0,9962	3,01	0,9987	3,35	0,9996
2,34	0,9904	2,68	0,9963	3,02	0,9987	3,36	0,9996
2,35	0,9906	2,69	0,9964	3,03	0,9988	3,37	0,9996
2,36	0,9909	2,70	0,9965	3,04	0,9988	3,38	0,9996
2,37	0,9911	2,71	0,9966	3,05	0,9989	3,39	0,9997
2,38	0,9913	2,72	0,9967	3,06	0,9989	3,40	0,9997
2,39	0,9916	2,73	0,9968	3,07	0,9989	3,41	0,9997
2,40	0,9918	2,74	0,9969	3,08	0,9990	3,42	0,9997
2,41	0,9920	2,75	0,9970	3,09	0,9990	∞	1,0000

Tab. 2: Quantile der t-Verteilung (Student-Verteilung)

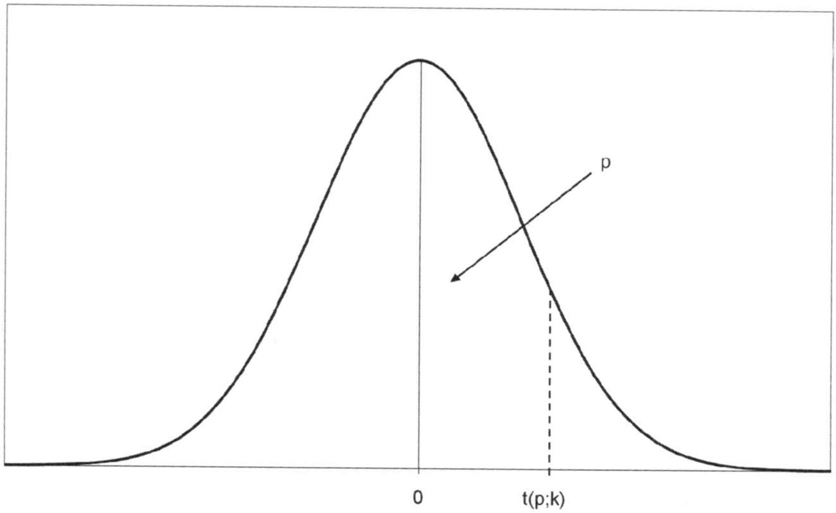

Quantile der t-Verteilung (Student-Verteilung)					
Anzahl k der Freiheitsgrade	Werte p der Verteilungsfunktion				
	0,995	**0,99**	**0,975**	**0,95**	**0,90**
1	63,657	31,821	12,706	6,314	3,078
2	9,925	6,965	4,303	2,920	1,886
3	5,841	4,541	3,182	2,353	1,638
4	4,604	3,747	2,776	2,132	1,533
5	4,032	3,365	2,571	2,015	1,476
6	3,707	3,143	2,447	1,943	1,440
7	3,499	2,998	2,365	1,895	1,415
8	3,355	2,896	2,306	1,860	1,397
9	3,250	2,821	2,262	1,833	1,383
10	3,169	2,764	2,228	1,812	1,372
11	3,106	2,718	2,201	1,796	1,363
12	3,055	2,681	2,179	1,782	1,356
13	3,012	2,650	2,160	1,771	1,350
14	2,977	2,624	2,145	1,761	1,345

Quantile der t-Verteilung (Student-Verteilung)					
Anzahl k der Freiheitsgrade	Werte p der Verteilungsfunktion				
	0,995	0,99	0,975	0,95	0,90
15	2,947	2,602	2,131	1,753	1,341
16	2,921	2,583	2,120	1,746	1,337
17	2,898	2,567	2,110	1,740	1,333
18	2,878	2,552	2,101	1,734	1,330
19	2,861	2,539	2,093	1,729	1,328
20	2,845	2,528	2,086	1,725	1,325
21	2,831	2,518	2,080	1,721	1,323
22	2,819	2,508	2,074	1,717	1,321
23	2,807	2,500	2,069	1,714	1,319
24	2,797	2,492	2,064	1,711	1,318
25	2,787	2,485	2,060	1,708	1,316
26	2,779	2,479	2,056	1,706	1,315
27	2,771	2,473	2,052	1,703	1,314
28	2,763	2,467	2,048	1,701	1,313
29	2,756	2,462	2,045	1,699	1,311
30	2,750	2,457	2,042	1,697	1,310
40	2,704	2,423	2,021	1,684	1,303
50	2,678	2,403	2,009	1,676	1,299
60	2,660	2,390	2,000	1,671	1,296
70	2,648	2,381	1,994	1,667	1,294
80	2,639	2,374	1,990	1,664	1,292
90	2,632	2,368	1,987	1,662	1,291
100	2,626	2,364	1,984	1,660	1,290
200	2,601	2,345	1,972	1,653	1,286
300	2,592	2,339	1,968	1,650	1,284
400	2,588	2,336	1,966	1,649	1,284
500	2,586	2,334	1,965	1,648	1,283
1000	2,581	2,330	1,962	1,646	1,282

Tab. 3a: Quantile der χ^2-Verteilung (»kleine« Wahrscheinlichkeiten)

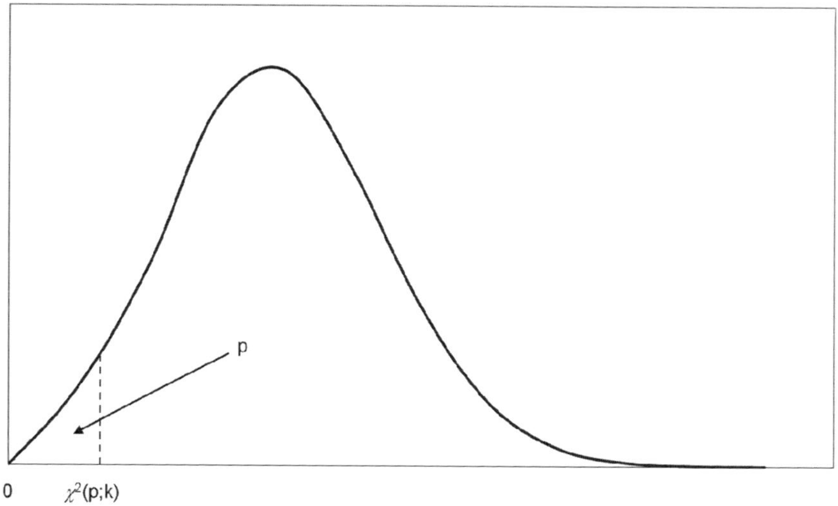

Quantile der χ^2-Verteilung (»kleine« Wahrscheinlichkeiten)					
Anzahl k der Freiheitsgrade	Werte p der Verteilungsfunktion				
	0,005	0,01	0,025	0,05	0,1
1	3,9E-05	0,00016	0,001	0,004	0,016
2	0,010	0,020	0,051	0,103	0,211
3	0,072	0,115	0,216	0,352	0,584
4	0,207	0,297	0,484	0,711	1,064
5	0,412	0,554	0,831	1,145	1,610
6	0,676	0,872	1,237	1,635	2,204
7	0,989	1,239	1,690	2,167	2,833
8	1,344	1,646	2,180	2,733	3,490
9	1,735	2,088	2,700	3,325	4,168
10	2,156	2,558	3,247	3,940	4,865
11	2,60	3,05	3,82	4,57	5,58
12	3,07	3,57	4,40	5,23	6,30
13	3,57	4,11	5,01	5,89	7,04
14	4,07	4,66	5,63	6,57	7,79

Quantile der χ^2-Verteilung (»kleine« Wahrscheinlichkeiten)					
Anzahl k der Freiheitsgrade	Werte p der Verteilungsfunktion				
	0,005	0,01	0,025	0,05	0,1
15	4,60	5,23	6,26	7,26	8,55
16	5,14	5,81	6,91	7,96	9,31
17	5,70	6,41	7,56	8,67	10,09
18	6,26	7,01	8,23	9,39	10,86
19	6,84	7,63	8,91	10,12	11,65
20	7,43	8,26	9,59	10,85	12,44
21	8,03	8,90	10,28	11,59	13,24
22	8,64	9,54	10,98	12,34	14,04
23	9,26	10,20	11,69	13,09	14,85
24	9,89	10,86	12,40	13,85	15,66
25	10,52	11,52	13,12	14,61	16,47
26	11,16	12,20	13,84	15,38	17,29
27	11,81	12,88	14,57	16,15	18,11
28	12,46	13,56	15,31	16,93	18,94
29	13,12	14,26	16,05	17,71	19,77
30	13,79	14,95	16,79	18,49	20,60
40	20,71	22,16	24,43	26,51	29,05
50	27,99	29,71	32,36	34,76	37,69
60	35,53	37,48	40,48	43,19	46,46
70	43,28	45,44	48,76	51,74	55,33
80	51,17	53,54	57,15	60,39	64,28
90	59,20	61,75	65,65	69,13	73,29
100	67,33	70,06	74,22	77,93	82,36
200	152,24	156,43	162,73	168,28	174,84
300	240,66	245,97	253,91	260,88	269,07
400	330,90	337,16	346,48	354,64	364,21
500	422,30	429,39	439,94	449,15	459,93
1000	888,6	898,9	914,3	927,6	943,1

Tab. 3b: Quantile der χ^2-Verteilung (»große« Wahrscheinlichkeiten)

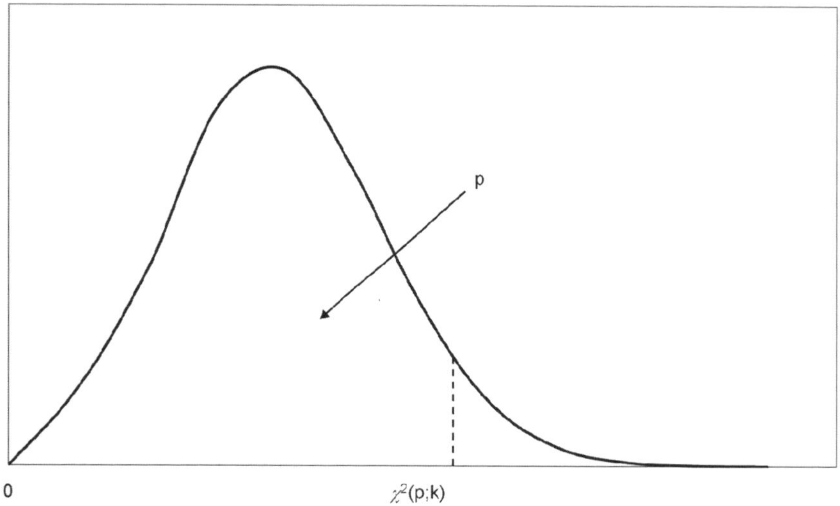

Quantile der χ^2-Verteilung (»große« Wahrscheinlichkeiten)					
Anzahl k der Freiheitsgrade	Werte p der Verteilungsfunktion				
	0,9	0,95	0,975	0,99	0,995
1	2,706	3,841	5,024	6,635	7,879
2	4,605	5,991	7,378	9,210	10,60
3	6,251	7,815	9,348	11,35	12,84
4	7,779	9,488	11,14	13,28	14,86
5	9,236	11,07	12,83	15,09	16,75
6	10,655	12,59	14,45	16,81	18,55
7	12,02	14,07	16,01	18,48	20,28
8	13,36	15,51	17,53	20,09	21,95
9	14,68	16,92	19,02	21,67	23,59
10	15,99	18,31	20,48	23,21	25,19
11	17,28	19,68	21,92	24,72	26,76
12	18,55	21,03	23,34	26,22	28,30
13	19,81	22,36	24,74	27,69	29,82
14	21,06	23,68	26,12	29,14	31,32

Quantile der χ^2-Verteilung (»große« Wahrscheinlichkeiten)					
Anzahl k der Freiheitsgrade	Werte p der Verteilungsfunktion				
	0,9	0,95	0,975	0,99	0,995
15	22,31	25,00	27,49	30,58	32,80
16	23,54	26,30	28,85	32,00	34,27
17	24,77	27,59	30,19	33,41	35,72
18	25,99	28,87	31,53	34,81	37,16
19	27,20	30,14	32,85	36,19	38,58
20	28,41	31,41	34,17	37,57	40,00
21	29,62	32,67	35,48	38,93	41,40
22	30,81	33,92	36,78	40,29	42,80
23	32,01	35,17	38,08	41,64	44,18
24	33,20	36,42	39,36	42,98	45,56
25	34,38	37,65	40,65	44,31	46,93
26	35,56	38,89	41,92	45,64	48,29
27	36,74	40,11	43,19	46,96	49,64
28	37,92	41,34	44,46	48,28	50,99
29	39,09	42,56	45,72	49,59	52,34
30	40,26	43,77	46,98	50,89	53,67
40	51,81	55,76	59,34	63,69	66,77
50	63,17	67,50	71,42	76,15	79,49
60	74,40	79,08	83,30	88,38	91,95
70	85,53	90,53	95,02	100,43	104,21
80	96,58	101,88	106,63	112,33	116,32
90	107,57	113,15	118,14	124,12	128,30
100	118,50	124,34	129,56	135,81	140,17
200	226,02	233,99	241,06	249,45	255,26
300	331,79	341,40	349,87	359,91	366,84
400	436,65	447,63	457,31	468,72	476,61
500	540,93	553,13	563,85	576,49	585,21
1000	1057,7	1074,7	1089,5	1107,0	1118,9

Stichwortverzeichnis